重庆篇

扛起生态保护新重担

主编 廖良美　副主编 黎明 黄羽

熊文 总主编

长江经济带生态保护与绿色发展研究丛书

图书在版编目（CIP）数据

长江经济带生态保护与绿色发展研究丛书．重庆篇：扛起生态保护新重担 / 熊文总主编；廖良美主编；黎明，黄羽副主编．—武汉：长江出版社，2022.10

ISBN 978-7-5492-5122-3

Ⅰ．①长… Ⅱ．①熊… ②廖… ③黎… ④黄… Ⅲ．①长江经济带－生态环境保护－研究②长江经济带－绿色经济－经济发展－研究③生态环境建设－研究－重庆④绿色经济－区域经济发展－研究－重庆 Ⅳ．①X321.25 ②F127.5

中国版本图书馆 CIP 数据核字（2022）第 200184 号

长江经济带生态保护与绿色发展研究丛书．重庆篇：扛起生态保护新重担

CHANGJIANGJINGJIDAISHENGTAIBAOHUYULÜSEFAZHANYANJIUCONGSHU

CHONGQINGPIAN：KANGQISHENGTAIBAOHUXINZHONGDAN

总主编 熊文　本书主编 廖良美　副主编 黎明 黄羽

责任编辑： 向丽晖
装帧设计： 刘斯佳
出版发行： 长江出版社
地　　址： 武汉市江岸区解放大道 1863 号
邮　　编： 430010
网　　址： http://www.cjpress.com.cn
电　　话： 027-82926557（总编室）
027-82926806（市场营销部）
经　　销： 各地新华书店
印　　刷： 武汉市首壹印务有限公司
规　　格： 787mm×1092mm
开　　本： 16
印　　张： 12.25
彩　　页： 8
字　　数： 197 千字
版　　次： 2022 年 10 月第 1 版
印　　次： 2022 年 10 月第 1 次
书　　号： ISBN 978-7-5492-5122-3
定　　价： 68.00 元

《长江经济带生态保护与绿色发展研究丛书》

编纂委员会

主　　任　熊　文

委　　员　（按姓氏笔画排序）

丁玉梅　李　阳　杨　倩　吴　比　何　艳　姚祖军
黄　羽　黄　涛　萧　毅　彭贤则　蔡慧萍　裴　琴
廖良美　熊芙蓉　黎　明

《重庆篇：扛起生态保护新重担》

编纂委员会

主　　编　廖良美

副 主 编　黎　明　黄　羽

编写人员　（按姓氏笔画排序）

丁子沂　王　巍　朱兴琼　刘　林　杜孝天　李坤鹏
李俊豪　陈羽竹　杨　倩　杨庆华　张良涛　袁文博
梁宝文　彭江南　熊喆慧

前 言

在中国版图上，有这样一片区域，形似巨龙，日夜奔腾，浩浩荡荡，这就是中国第一大河，也是世界第三长河——长江。

长江全长6300余km，滋养了古老的中华文明；流域面积达180万km^2，哺育着超1/3的中国人口；两岸风光旖旎，江山如画；历史遗迹绵延千年，熠熠生辉。长江是中华民族的自豪，更是中华民族生生不息的象征。

不仅如此，长江以水为纽带，承东启西、接南济北、通江达海，一条黄金水道，串联起沿江11个省（直辖市），支撑起全国超40%的经济总量，是中国经济社会发展的大动脉。

一直以来，习近平总书记深深牵挂着长江，竭力谋划着让长江永葆生机活力的发展之道。

2016年1月5日，重庆，在推动长江经济带发展座谈会上，习近平总书记发出长江大保护的最强音："当前和今后相当长一个时期，要把修复长江生态环境摆在压倒性位置，共抓大保护、不搞大开发。"从巴山蜀水到江南水乡，生态优先、绿色发展的理念生根发芽。

2018年4月26日，武汉，在深入推动长江经济带发展座谈会上，习近平总书记强调正确把握"五大关系"，以"钉钉子"精神做好生态修复、环境保护、绿色发展"三篇文章"，推动长江经济带科学发展、有序发展、高质量发展，引领全国高质量发展，擘画出新时代中国发展新坐标。

2020年11月14日，南京，在全面推动长江经济带发展座谈会上，习近平总书记指出，要坚定不移地贯彻新发展理念，推动长江经济带高质量发展，谱写生态优先绿色发展新篇章，打造区域协调发展新样板，构筑高水平对外开放新高地，塑造创新驱动发展新优势，绘就山水人城和谐相融新画卷，使长江经济带成为我国生态优先绿色发展主战场、畅通国内国际双循环主动脉、引领经济高质量发展主力军。

伴随着党中央的强力号召，长江经济带的发展从“推动”“深入推动”走向“全面推动”，沿长江11省（直辖市）密集出台了一系列推动经济发展的新政策、新举措。短短几年，一个引领中国经济高质量发展的生力军正在崛起。

可是，与长江经济带蓬勃发展形成鲜明反差的是，全面系统研究长江经济带生态保护与绿色发展的专著却鲜见。为推动长江经济带绿色崛起，我们萌生了编纂“长江经济带生态保护与绿色发展研究”系列丛书的想法。通过该系列丛书的梳理，我们希望完成三个“任务”：

第一，系统梳理、深度展现在长江经济带发展大战略中，沿江11省（直辖市）在新时代绿色崛起中发挥的作用和取得的成绩，总结各省（直辖市）经济发展中的经验和启示，充分发挥领先城市经济发展的示范引领作用，为整个经济带的全面发展提供借鉴。

第二，认真总结、深刻剖析在长江经济带发展过程中，沿江11省（直辖市）经济发展存在的问题，系统梳理长江经济带绿色绩效评价体系，期待为破解长江经济带经济发展的资源环境约束难题、探寻长江经济带绿色经济绩效的提升路径、增强长江经济带发展统筹度和整体性、协调性、可持续性提供全新视角。

第三，有针对性地提出长江经济带未来发展的政策建议和战略对策，助力长江经济带形成生态更优美、交通更顺畅、经济更协调、市场更统一、机制更科学的黄金经济带，为中国经济统筹发展提供新的支撑。

这是我们第一次系统梳理长江经济带的发展，也是我们第一次完整地总结长江沿江11省（直辖市）的发展脉络。

我们欣喜地看到，伴随着三次推动长江经济带发展座谈会的召开，长江沿线11省（直辖市）均有针对性地出台了各省（直辖市）长江经济带发展的具体措施和规划。上海提出，要举全市之力坚定不移推进崇明世界级生态岛建设，努力把崇明岛打造成长三角城市群和长江经济带生态环境大保护的重要标志。湖北强调，要正确把握“五大关系”，用好长江经济带发展“辩证法”，做好生态修复、环境保护、绿色发展“三篇大文章”。地处长江上游的重庆表示，要强化“上游意识”，担起“上游责任”，体现“上游水平”，将重庆打造成内陆开放高地和山清水秀美丽之地。诸如此类，沿江各省都努力争当推动长江经济带高质量发展的排头兵。

我们也欣喜地看到，《长江上游地区省际协商合作机制实施细则》《长三角地区一体化发展三年行动计划（2018—2020年）》等覆盖全域的长江经济带省际协商合作机制逐步建立，共抓大保护的合力正在形成。

我们更欣喜地看到，在以城市群为依托的区域发展战略指引下，在长江三角洲城市群、长江中游城市群、成渝城市群、黔中城市群、滇中城市群等区域城市群的强力带动辐射影响之下，一批城市正迅速崛起。在党中央和沿江各省（直辖市）共同努力下，长江经济带正释放出前所未有的巨大经济活力。虽成效显著，但挑战犹存。在该系列丛书的梳理中，我们也发现了长江经济带发展过程中存在的问题：生态环境保护的形势依然严峻、生态环境压力正持续加大、绿色产业转型压力依旧巨大。为此，我们寻找了德国莱茵河治理、澳大利亚猎人河排污权交易、美国饮用水水源保护区生态补偿、美国“双岸”经济带的产业合作等多个国外绿色发展案例，希望为国内长江经济带城市绿色发展提供借鉴。

编　者

长江黄金水道

前言

本书为《长江经济带生态保护与绿色发展研究丛书》之重庆篇分册，由湖北工业大学廖良美教授担任主编，湖北工业大学黎明、黄羽担任副主编。本册共分七章，第一章梳理了重庆市绿色发展历史、战略意义以及政策体系，明确了重庆市在长江经济带绿色发展中的战略定位。第二章分析了重庆市经济社会发展概况、生态环境保护现状及绿色发展状况，全面展示了重庆市在绿色发展中取得的成果。第三章从主体功能区划空间管控、生态红线限制条件、“三线一单”管控要求等三方面剖析了重庆市绿色发展存在的生态环境约束。第四章系统分析了重庆市在绿色发展中的战略举措，从绿色产业主导、宜居环境构建、资源持续发展和绿色金融创新四个方面展现了重庆作为。第五章针对重庆市典型区域、工业园区及重点流域绿色生态规划进行了分析研究。第六章对重庆市绿色发展绩效关键指标进行了解读，对重庆市典型区域绿色发展进行了绩效评价。第七章为重庆市绿色发展提出了政策建议和实施路径。

本书在撰写过程中，湖北工业大学长江经济带大保护研究中心、经济与管理学院、流域生态文明研究中心等单位领导精心组织编撰，同时长江经济带高质量发展智库联盟、湖北省长江水生态保护研究院、水环境污染监测先进技术与装备国家工程研究中心、河湖生态修复及藻类利用湖北省重点实验室、长江水资源保护科学研究所、江苏河海环境科学研究院有限公司、无锡德林海环保科技股份有限公司等单位相关专家大力指导与帮助，长江出版社高水平编辑团队为本书出版付出了辛勤劳动，在此一并致谢。

由于水平有限和时间仓促，书中缺点、错误在所难免，敬请专家和读者批评指正。

编　者

目录

第一章 重庆市在长江经济带绿色发展中的战略定位

重庆位于中国内陆西南部、长江上游地区。面积8.24万平方千米，辖38个区县（26区、8县、4自治县）。人口以汉族为主，少数民族主要有土家族、苗族。地貌以丘陵、山地为主，其中山地占76%，有“山城”之称。属亚热带季风性湿润气候。长江横贯全境，流程691千米，与嘉陵江、乌江等河流交汇。旅游资源丰富，有长江三峡、世界文化遗产大足石刻、世界自然遗产武隆喀斯特和南川金佛山等壮丽景观。

重庆是中国著名历史文化名城。有文字记载的历史达3000余年，是巴渝文化的发祥地。因嘉陵江古称“渝水”，故重庆又简称“渝”。北宋崇宁元年（1102年），改渝州为恭州。南宋淳熙十六年（1189年），宋光宗赵惇先封恭王再即帝位，称为“双重喜庆”，遂升恭州为重庆府，重庆由此而得名。1891年，成为中国最早对外开埠的内陆通商口岸。1929年，正式建市。抗日战争时期，重庆是国民政府陪都和世界反法西斯战争远东指挥中心。抗日战争时期和解放战争初期，以周恩来同志为代表的中共中央南方局在重庆负责领导国统区、港澳及海外地区的党组织和统一战线工作，形成的红岩精神是我们国家和民族的宝贵精神财富。民盟、民建、九三学社和民革前身之一的三民主义同志联合会均在重庆成立。

重庆是中国中西部地区唯一直辖市。新中国成立初期，重庆为中央直辖市，是中共中央西南局、西南军政委员会驻地和西南地区政治、经济、文化中心。1954年，西南大区撤销后改为四川省辖市。1983年，成为全国第一个经济体制综合改革试点城市，实行计划单列。为带动西部地区及长江上游地区经济社会发展、统一规划实施百万三峡移民，1997年3月，八届全国人大五次会议批准设立重庆直辖市。

直辖以来重庆发展取得显著成就。重庆紧紧围绕国家重要中心城市、长江上游地区经济中心、国家重要现代制造业基地、西南地区综合交通枢纽和内陆开放高地等国家赋予的定位，充分发挥区位优势、生态优势、产业优势、体制优势，谋划和推动经济社会发展。经济结构加快转型升级，老工业基地焕发生机活力，形成全球最大电子信息产业集群和国内最大汽车产业集群，战略性新兴产业蓬勃发展，以大数据智能化为引领的创新驱动深入推进，经济高质量发展的引擎动力更加强劲。至 2018 年底，三峡百万移民搬迁安置任务圆满完成，各项社会事业全面进步，脱贫攻坚取得明显成效，贫困发生率降至 0.7%，群众获得感、幸福感、安全感持续提升。基础设施建设明显提速，高速公路通车里程 3096 千米，“四小时重庆”全面实现，建成“一枢纽十干线”铁路网，港口年货运吞吐量 2 亿吨，江北国际机场年旅客吞吐量 4160 万人次。内陆开放高地加快崛起，以长江黄金水道、中欧班列（重庆）等为支撑的开放通道全面形成，中新第三个政府间合作项目以重庆为中心运营，对接“一带一路”的国际陆海贸易新通道建设上升为国家战略，中国（重庆）自由贸易试验区建设务实推进，内陆国际物流枢纽和口岸高地正在形成。长江上游重要生态屏障加快建设，长江、嘉陵江、乌江干流水质总体为优，主城区空气质量优良天数达到 316 天，重庆市森林覆盖率达 48%。

重庆政治生态持续向好，干部群众精神状态积极向上，经济社会发展各项事业稳步向前。2019 年，重庆市实现地区生产总值（GDP）23605.77 亿元，按可比价格计算，比上年增长 6.3%。粮食产量比上年下降 0.4%。全年猪牛羊禽肉产量，比上年下降 10.3%。规模以上工业增加值比上年增长 6.2%，较上年提升 5.7 个百分点。服务业实现增加值比上年增长 6.4%，新兴服务业较快增长。社会消费品零售总额比上年增长 8.7%。固定资产投资比上年增长 5.7%。工业投资增长 8.8%，房地产开发投资增长 4.5%，基础设施投资下降 0.7%。实现进出口总值同比增长 11.0%。其中，出口增长 9.4%，进口增长 13.8%。重庆市实际利用外资增长 0.4%。居民人均可支配收入比上年增长 9.6%。其中，城镇常住居民人均可支配收入增长 8.7%；农村常住居民人均可支配收入增长 9.8%。

中央对重庆发展十分关心、寄予厚望。习近平总书记于 2016 年 1 月视察重庆，2018 年 3 月参加十三届全国人大一次会议重庆代表团审议，2019 年 4 月再次亲临重庆视察指导，对重庆提出“两点”定位、“两地”“两高”目标、发挥“三个作用”和营造良好政治生态的重要指示要求，为新时代重庆改革发展导航定向。“两点”定位，即西部大开发的重要战略支点、“一带一路”和长江经济带的联结点，在国家区域发展和对外开放格局中具有独特而重要的作用。“两地”“两高”目标，即加快建设内陆开放高地、山清水秀美丽之地，努力推动高质量发展，创造高品质生活。发挥“三个作用”，即在推进新时代西部大开发中发挥支撑作用、在推进共建“一带一路”中发挥带动作用、在推进长江经济带绿色发展中发挥示范作用。

重庆市上下紧密团结在以习近平同志为核心的党中央周围，认真学习贯彻习近平新时代中国特色社会主义思想，全面落实习近平总书记对重庆提出的重要指示要求，牢牢把握稳中求进工作总基调，坚持新发展理念，统筹做好稳增长、促改革、调结构、惠民生、防风险、保稳定工作，持续营造风清气正的政治生态，更加注重从全局谋划一域、以一域服务全局，坚决打好三大攻坚战，大力实施八项行动计划，锐意进取、攻坚克难，不断开创重庆各项事业发展新局面，为决胜全面建成小康社会、夺取新时代中国特色社会主义伟大胜利、实现中华民族伟大复兴的中国梦贡献力量。

第一节 重庆市绿色发展历史

一、城市发展历史悠久

重庆是长江上游重要的中心城市，长江横贯重庆全境，流程 691 千米。从古至今，长江边的重庆孕育了灿烂的巴渝文化、革命文化、三峡文化、移民文化、抗战文化等。自古以来重庆在长江流域的政治、经济、文化和社会发展中占有重要的历史地位。展望未来，重庆在长江经济带和“一带一路”建设中具有重要战略地位，将发挥更大作用。

重庆在历史上一直是一个区域性的政治军事中心。1891 年正式开埠后，重庆成为长江东西贸易主干道的起点和长江上游商品的集散中心。随着经济的繁荣，重庆走上新的城市发展之路。

重庆历史文化是中华民族文化的重要组成部分，是从重庆的大山大河中生长出来的独特文化品种。在重庆3000余年的发展史上，出现过多层次、多领域、多形态的文化现象，其中居于主体地位的是巴渝文化、革命文化、三峡文化、移民文化、抗战文化、统战文化6种，构成了独具特色的“2+4结构”的重庆历史文化体系。

在长江上游还有一系列多条大江交汇之处的江城，如泸州位于沱江汇入长江之处，宜宾位于岷江汇入长江之处，乐山位于大渡河、青衣江、岷江三江交汇之地，涪陵位于乌江汇入长江之处等。这一系列江城组成以重庆为航运中心的交通网络，逐渐形成长江上游城市文化的地域特色。

重庆有“山城”之称，山地占城市的76%。城市有若干俯瞰城市风貌的观景平台，鹅岭就是其中之一。站在鹅岭的塔楼之顶，可见长江和嘉陵江在山谷中蜿蜒奔腾，姿态尽收眼底：长江从西南方向而来，沿着四川盆地南缘奔流到此；嘉陵江自西北方向而来，冲破川东褶皱带诸山，奔向朝天门汇入长江。

从长江南岸的龙门浩遥望，自上而下景观层次分明。渝中半岛高楼林立，直入云霄。位于半山坡的湖广会馆建筑群黛瓦黄墙，见证重庆移民和商贸历史。江上轮船往来，当年长江航道上商船繁忙风貌依稀可寻。著名诗人赵熙有一首描写重庆的名篇：万家灯火气如虹，水势西回复折东。重镇天开巴子国，大城山压禹王宫。楼台市气笙歌外，朝暮江声鼓角中。自古全川财富地，津亭红烛醉春风。

重庆并非孤立的山城。在长江上游流域，从古至今建起了一系列山城，在不同历史时期发挥着独特功能。这些城市与长江中下游的城市面貌不同、文化气质迥异，构筑形成稳固的山城体系。重庆凭江山之助，得交通之便利，扼固守之险要，又常被称为“立体魔幻城市”。

朝天门是重庆长江文化的标志之一，嘉陵江在此汇入长江。这里的点滴变化和文化变迁都备受重庆人的关注和讨论。自古以来，有许多巴蜀乡亲从此启航顺流而下，又有许多长江下游来客逆流而上在此登陆，在人的流动中进行资源、贸易、信息的通达往来。位于朝天门的重庆市规划展览馆，通过丰富多样的多媒体形式呈现着重庆的发展未来。进入新时代，重庆迎来新的发展机遇。

2014 年，党中央、国务院做出了推动长江经济带发展的重大战略决策。重庆作为西部大开发的重要战略支点、“一带一路”和长江经济带的联结点融入推动长江经济带，发展责任重大、使命光荣。

2016 年 1 月，习近平总书记视察重庆时，要求建设长江上游重要生态屏障，使重庆成为山清水秀美丽之地。

2018 年全国两会期间，习近平总书记在参加重庆代表团审议时，要求重庆加快建设内陆开放高地、山清水秀美丽之地，努力推动高质量发展，创造高品质生活。重庆积极融入长江经济带发展，“共抓大保护、不搞大开发”“生态优先、绿色发展”成为思想和行动自觉。改革开放 40 年来，长江经济带生产力得到前所未有的大解放，重庆分享到了经济带发展带来的巨大红利，综合实力显著增强，社会民生显著改善，在国家区域发展和对外开放格局中的地位作用日渐凸显，折射出长江经济带的宏大变化。

二、“一带一路”重要支点

改革开放以来，重庆这样一个深居西部内陆的城市，积极开创进取，从开放的后方一跃成为开放的前沿。重庆市已经发展为集直辖市体制和西部大开发政策、统筹城乡综合配套改革试验区等体制机制优势于一体，外向型产业基础不断巩固，基本构建起以长江黄金水道、渝新欧国际铁路联运大通道等为支撑的“一带一路”国际贸易大通道骨架，重庆对外开发开放，具备区位、体制、平台、产业、通道等诸多优势。而且，重庆在全国内陆城市中，具备水陆空三种交通枢纽，又同时拥有三个国家一类口岸，并配套三个进出口特殊监管区，这在全国绝无仅有。在国家重大区域协调发展的带动下，重庆处于“一带一路”和长江经济带相交汇“Y”形节点上，发展成为丝绸之路经济带的重要支点、长江经济带的西部中心枢纽、海上丝绸之路的产业腹地，推动“一带一路”倡议和长江经济带建设的深度融合，为“一带一路”和长江经济带的建设和发展做出重大贡献。

三、长江上游生态屏障

重庆地处青藏高原与长江中下游平原的过渡地带、三峡库区腹心地带，是长江上游生态屏障的最后一道关口，生态区位十分关键。

重庆地处青藏高原与长江中下游平原的过渡地带，生态环境脆弱。重庆位于大巴山断褶带、川东褶皱带和川湘黔隆起褶皱带三大构造单元的交汇处，地质构造复杂、褶皱强烈、山体断裂发育、岩性疏松，崩塌、滑坡、泥石流等自然灾害易发多发。重庆以山地—河流生态系统为主，有大巴山、华蓥山、武陵山、大娄山四大山系，长江、嘉陵江、乌江三大水系，山高水深、沟壑纵横，河流强烈下切侵蚀，地形破碎，属于典型的生态脆弱过渡区。

重庆位于三峡库区腹心地带，生态问题敏感。三峡水库维系了全国35%的淡水资源涵养，是我国重要的淡水资源战略储备库，关乎长江中下游3亿余人的饮水安全，是南水北调中线工程重要的补充水源地，为全国近四分之一幅员范围提供用水。重庆境内河流众多，水体环境复杂；再加之人类活动强度较大，污染源分散、面广量多，治理难度大，水质安全形势严峻。筑牢长江上游重要生态屏障，对确保三峡水库淡水资源安全和三峡工程运行安全具有重大意义。

重庆是长江上游生态屏障的最后一道关口，生态地位重要。重庆地处长江上游，是长江水汇入三峡库区的最后一个结点。重庆拥有秦岭—大巴山生物多样性保护与水源涵养重要区、武陵山区生物多样性保护与水源涵养重要区、大娄山区水源涵养与生物多样性保护功能区、三峡库区土壤保持重要区4个重要生态功能区，是长江上游最后一道生态屏障。生态环境一旦遭受破坏，不仅大大影响重庆自身生态平衡，也威胁到整个长江流域乃至更大范围的生态安全。筑牢长江上游重要生态屏障对保障整个长江流域的生态平衡和国土安全，具有不可替代的作用。

第二节　重庆市绿色发展战略意义

一、深入贯彻长江经济带绿色发展战略思想

长江是亚洲第一、世界第三大河流，是中华民族的母亲河，就像一条巨龙，贯穿我国东中西三大区域，孕育了灿烂的中华文明。长江是一条黄金水道，干线航道 2838 千米，规划的干支流高等级航道 1.2 万千米，占全国的 63 %。千百年来，长江流域以水为纽带，连接上下游、左右岸、干支流，形成完整的经济社会生态系统，成为我国经济较发达的地区。长江经济带是一个经济联系比较紧密的区域，包括上海、江苏、浙江、安徽、江西、湖北、湖南、重庆、四川、贵州、云南 11 个省市，地域面积约 205 万平方千米，2014 年总人口 5.82 亿人，占全国的 42.9%；地区生产总值 28.47 万亿元，占全国的 41.6 %。总体来看，长江经济带以 21% 的国土面积，集聚了 40 % 以上的人口和经济规模，人口与经济密度是全国平均水平的 2 倍。2014 年，长江经济带建设上升为国家战略，成为国家新的三大区域发展战略之一。2014 年，习近平总书记在重庆召开会议，他在讲话中指出：长江拥有独特的生态系统，是我国重要的生态宝库。当前和今后相当长的时期，要把修复长江生态环境摆在压倒性位置，共抓大保护、不搞大开发，并提出了生态优先、绿色发展的战略思路。

实施生态优先、绿色发展的长江经济带发展战略，是以习近平同志为核心的党中央顺应世界发展趋势，借鉴和吸取历史经验和教训，践行绿色发展理念，为推动我国可持续发展做出的重大战略选择。

长江经济带绿色发展战略体现了绿色发展理念。绿色发展理念是马克思主义生态文明理论同我国经济社会发展实际相结合的创新理念，是深刻体现新阶段我国经济社会发展规律的重大理念。改革开放以来，长江经济带已经跻身我国综合实力最强、战略支撑作用最大区域的行列，但也面临资源环境超载的困境。长江经济带发展绿色发展战略，从经济社会发展全局出发，将生态优先、绿色发展作为核心理念和战略定位，明确保护和修复长江生态环

境在长江经济带发展中的首要位置，坚守共抓大保护、不搞大开发的实践基准，赋予生态文明建设前所未有的实践意义，长江经济带绿色发展要求彰显生态主题、写好绿色文章，把保护和修复长江生态环境摆在首要位置，把长江经济带建设成为我国生态文明建设的先行示范带，有效推动区域经济更有效率、更加公平、更可持续发展，更好实现区域经济、人口、生态空间均衡。

长江经济带绿色发展战略遵循了绿色循环低碳发展思路。习近平同志强调，要用改革创新的办法抓长江生态保护。要在生态环境容量上过紧日子的前提下，依托长江水道，统筹岸上水上，正确处理防洪、通航、发电的矛盾，自觉推动绿色循环低碳发展，有条件的地区率先形成节约能源资源和保护生态环境的产业结构、增长方式、消费模式，真正使黄金水道产生黄金效益。为此，推动长江经济带发展，要坚持改革引领、创新驱动，有效促进长江经济带在发展中保护、在保护中发展。长江经济带以水为纽带，要以长江水质保护为重点，切实保护和改善水环境，大力保护和修复水生态，有效保护和利用水资源。长江经济带资源环境超载问题突出，要节约集约利用资源，推动资源利用方式根本转变。长江经济带沿江两岸重化工业布局比较密集，要优化产业布局，推动工业园区循环化改造，体现绿色循环低碳发展要求。

二、积极融入长江经济带生态经济发展战略

党的十八大报告将生态文明建设纳入中国特色社会主义事业“五位一体”总体布局，是对人类文明发展道路的重大贡献。党的十八以来，全党全国贯彻绿色发展理念的自觉性和主动性显著增强，生态修复、环境治理和绿色创新明显加强，生产方式和生活方式的绿色化有序推进，节约资源和保护环境的产业结构和空间格局初步形成，大气、水、土壤污染防治行动成效明显，生态环境状况明显好转，走绿色发展之路取得共识。中央和地方推进生态文明建设、绿色发展的决心之大、力度之大、成效之大前所未有，生态文明建设、绿色发展制度体系加快形成。

党的十九大报告明确中国特色社会主义进入新时代，社会主要矛盾已经

转化为人民日益增长的美好生活需要和不平衡不充分的发展之间的矛盾。人与自然是生命共同体，山清水秀、清洁美丽的生态环境是美好生活的基础。2017 年，中央经济工作会议进一步强调“只有恢复绿水青山，才能使绿水青山变成金山银山”。

长江是中华民族的母亲河，生态是长江经济带发展的保障。坚持绿色发展既是关系人民福祉的重要工程，也是关乎民族未来的长远大计。党中央、国务院对长江经济带的生态环境保护和生态文明建设高度重视。2016 年 1 月 5 日，习近平总书记在重庆召开推动长江经济带发展座谈会上强调：“要把修复长江生态环境摆在压倒性位置，共抓大保护、不搞大开发”。2016 年 3 月，全国人大通过的《中华人民共和国国民经济和社会发展第十三个五年规划纲要》指出：“推进长江经济带发展，必须坚持生态优先、绿色发展的战略定位，把修复长江生态环境放在首要位置，把长江经济带建设成为我国生态文明建设的先行示范带、创新驱动带、协调发展带。”2016 年 9 月，中共中央办公厅正式印发的《长江经济带发展规划纲要》明确提出：“长江经济带发展必须围绕生态优先、绿色发展的理念，把长江经济带建设成为生态文明建设的先行示范带、引领全国转型发展的创新驱动带、具有全球影响力的内河经济带、东中西互动合作的协调发展带。”

长江经济带覆盖 11 个省市，集聚的人口和创造的地区生产总值均占全国 40% 以上，进出口总额约占全国 40%，是我国经济中心所在。长江经济带既是我国经济发展的重要支撑带，承载着区域协调发展的历史使命，又是我国重要的生态宝库和生态文明建设的“绿色脊梁”，兼具生态系统整体性和长江流域系统性的特点。

但是长江经济带发展无序低效竞争、产业同构等问题仍然非常突出，生态修复和环境保护问题严重制约了长江经济带区位优势的发挥。其根源在于部门主义和地方保护主义依然存在，没有将长江经济带作为一个生命共同体进行整体考量。长江流域内各条河流上下游、左右岸线分属于不同的行政区域，在流域开发利用和生态环境保护中矛盾难以协调。

习近平总书记指出，要坚持把修复长江生态环境摆在推动长江经济带发展工作的重要位置，共抓大保护，不搞大开发。不搞大开发不是不要开发，而是不搞破坏性开发，要走生态优先、绿色发展之路。2018 年 4 月 26 日，习近平总书记在武汉主持召开深入推动长江经济带发展座谈会并发表重要讲话，进一步明确了以长江经济带发展推动经济高质量发展这一重大国家战略的指导思想、实践路径和根本目标，成为新时代推动长江经济带高质量发展的重要遵循。长江经济带不搞大开发，恰恰是指要进行高质量开发，在保护上要坚持高标准、严要求，在开发上要追求高质量、绿色化。这一指示明确了长江经济带的发展目标首先是要修复长江生态。在这一核心发展目标指引下，长江经济带才有可能打破过去各省市之间相互隔离、盲目竞争的发展模式，从而凝聚长江上下游各方力量，转变经济增长方式，共同推动长江经济带高质量发展。

绿色发展是促进高质量发展的重要途径，是以习近平同志为核心的党中央尊重自然规律、经济规律和社会规律，顺应世界发展潮流，为推动我国绿色发展和可持续发展做出的重大战略决策和部署。

守住生态红线是底线要求，还必须明白，老百姓就不了业、致不了富，生态环境保护的成效就不会持久，也不是真正的高质量发展。加强生态文明建设、推动绿色发展，是实现高质量发展的题中之义。当下，我国经济社会发展同生态环境保护的矛盾仍比较突出，重污染天气、黑臭水体、垃圾围城等现象时有发生，影响着全面建成小康社会的最后一程，也是实现高质量发展的明显短板。如何打赢污染防治攻坚战，成就高质量发展的目标？如何以高质量发展引领系统性变革，反过来推动我国生态文明建设？考验我们的治理智慧和发展能力。

用制度倒逼企业提升技术水平，不仅能降低污染和能耗，也能增强企业供给有效性和市场竞争力，促进高质量发展。过去五年，生态文明建设目标评价考核激励一些企业主动作为，研发核心技术，加快转型升级；环保督察、党政同责、一岗双责等体制机制也在清理散乱污企业、促进产业结构调整过程中发挥关键作用。下一步，还应健全法制，以工业园区的规划环境影响评价为前提，以排污许可证制度为基础，以生态保护红线、环境质量底线、资源利用上线和产业准入负面清单制度为标尺，从而优化生态环境，增强企业核心竞争力，提高经济发展质量。

以生态促发展，产业绿色化和绿色产业化是必由之路。转变发展方式，必须培育壮大新兴产业，推动传统产业智能化、清洁化改造。习近平总书记强调，要坚持在发展中保护、在保护中发展。以湖北监利县为例，当地清理大批污染企业，转而依靠蓝天绿水净土，做足小龙虾、螃蟹、黄鳝生态养殖的文章。因品质好、原生态，产品广受市场认可，实实在在地推动了高质量发展。

以生态促发展，也要做好区域协调，立足城市群规模效益和集聚效益，增强产业上、中、下游协同性，有效降低环境负荷。习近平总书记强调，推动经济高质量发展，要把重点放在推动产业结构转型升级上，把实体经济做实做强做优。不同地方和区域只有立足自己的基础、优势、品牌、特色，在竞争中找准定位，促进城市群或者区域内产业集聚、产业结构调整、产业布局优化，才能以中心城市带动重点城市、支点城市以及乡镇的发展，整合资源、形成合力，最终提升区域生态环境和经济质量的综合竞争力。

以生态促发展，还需稳中求进，合理制定环境保护标准的提升计划，体现区域和行业差别，促使经济发展和环境保护在复杂现实中协同共进。环保标准的提升，既要符合党的十九大以来确立的目标要求，也要听取各部门、各地方和老百姓意见，综合考虑经济和技术层面的可行性。我国地域广袤，行业、区域和城乡差距较大，各地各行业的转型窗口期不尽相同，转型的进度也不一样。只有使政策和目标兼具原则性与灵活性，才能激励污染防治攻坚战持久深入开展，同时激发高质量发展的内生动力。

生态文明建设关乎人类未来，建设绿色家园是各国人民的共同梦想。没有良好的生态环境，高质量发展无从谈起，美好生活也难以实现。面对问题科学施策，确立目标久久为功，美丽中国与中国智造的美好前景，会越来越清晰。

深入推动长江经济带发展，把长江经济带建设成为生态文明建设的先行示范带、引领全国转型发展的创新驱动带、具有全球影响力的内河经济带、东中西互动合作的协调发展带，重庆要强化“上游意识”，担起“上游责任”，体现“上游水平”。站在新的历史起点，全面融入推动长江经济带发展，要深化落实习近平总书记对重庆提出的“两点”定位、“两地”“两高”目标和“四个扎实”要求，加快建设山清水秀美丽之地。着力建设长江上游重要生态安全屏障，着力构建内畅外联互通的综合立体交通体系，着力推进以人为核心的新型城镇化，着力打造多极支撑的现代产业体系，着力构筑内陆开放高地，更好地发挥西部大开发重要战略支点、“一带一路”和长江经济带联结点的重要功能作用。到2020年，初步构建起节约资源和保护环境的空间格局，形成绿色产业结构和生产生活方式。到2035年，建成山清水秀美丽之地，巴渝山水“颜值”更高，历史文化名城“气质”更佳，实现生态美、产业兴、百姓富有机统一。

直面严峻问题挑战。环境安全问题突出，Ⅲ类及以下水质支流、Ⅴ类和劣Ⅴ类水质支流较多；长江上游重要生态屏障任务重，喀斯特地貌面积占重庆市30%左右，重庆市水土流失面积较大；三峡库区消落区面积较大，地质灾害点多，严重威胁库岸人民的生活财产和库区的安全；岸线开发利用程度总体偏高，重庆市河道岸线控制利用区和开发利用区占岸线总长度的44%。绿色交通存在较大短板，三峡枢纽能力“瓶颈”制约突出，铁路网络建设不能满足发展需要，沿线港口码头长效监管任务重。形成绿色发展方式任重道远，重化工产业偏多；创新能力不足，全社会研发经费支出占地区生产总值比重低于全国平均水平；环保产业发展滞缓，产业核心竞争力不强，环保装备制造上下游产业链未能有效联结，环保产业科技研发投入占比低于全国平均水平。

探索绿色发展新路。重庆产业格局呈现传统产业多新兴产业少、低端产业多高端产业少、资源型产业多高附加值产业少、劳动密集型产业多资本科技密集型产业少“四多四少”格局，经济发展过度依赖增加物质资源消耗、过度依赖规模粗放扩张、过度依赖高能耗高排放产业的发展模式尚未得到根本改变，对生态环境造成压力，必须加快推进战略性优化调整，把生态优势转化为发展动能，把“绿色+”融入经济社会发展各方面，让绿色成为发展中的普遍形态。到2020年，绿色发展水平显著提升，第三产业增加值占GDP比重达到50%以上，实现生态效益、经济效益和社会效益融合并进。严守产业准入“绿色门槛”，以落实生态保护红线、环境质量底线、资源利用上线和环境准入负面清单“三线一单”为抓手，优化产业布局，管控开发强度。深化供给侧结构性改革，加快培育绿色低碳产业体系，大力发展新能源汽车、高端装备、新材料、生物医药等战略性新兴制造业，构建起以产业生态化和生态产业化为主体的生态经济体系。激发创新原动力，着力培育智能产业、提升智能制造水平、推广智能化应用，推动产业向高端化、绿色化、智能化、融合化迈进，以绿色技术创新为引擎大力发展循环产业，培育壮大节能环保产业、清洁能源产业，形成一批产业链条完整的节能环保产业集群。

第三节　重庆市绿色发展政策体系

20 世纪 80—90 年代，重庆和中国其他城市一样百废待兴。作为国家“三线”建设重镇和老工业基地，重庆开始乘改革开放之势，开足马力奔向现代化。工业是重庆经济的主体，但是，高能耗、高污染、高排放特征突出。重庆市能源主要燃用本地高硫煤，加上气象条件的限制，重庆成为当时中国煤烟型污染最典型的城市之一，而由此导致的酸雨问题，更是引起了国内外的关注。《人民日报》和美国《时代》杂志都相继报道了重庆大气污染的状况。那时的重庆，不仅冬季常常大雾笼罩，春、秋季也是烟雾弥漫，蓝天白云成为市民难得一见的奢侈天气，污浊的空气导致市民呼吸道疾病患病率上升。重庆南山森林公园是城市的肺叶，80 年代中期，马尾松林出现大面积衰亡现象，联合国环境署的专家考察后认为，这里是全球森林遭受大气污染危害的典范。有关研究得出，大气污染导致的经济损失已占重庆当年 GDP 的 3.2%。为寻求污染控制对策，1993 年重庆市环保部门与英国海外开发署联合开展了“重庆市空气污染控制”研究项目。中英专家经过两年多的研究，系统地提出了如低矮污染源燃料转换成清洁能源、提高锅炉效率、对大型锅炉进行烟气脱硫、居住区应与重污染源分开布局等对策建议。这些科学意见在重庆以后的发展中产生了深刻的影响。

1997 年初夏，重庆成为中国第四个直辖市。直辖之初，中央给予了重庆很高的期望，交予了“四件大事”（三峡工程百万移民、老工业基地改造、农村扶贫与开发、生态环境保护与建设）。重庆面临的发展任务紧迫而繁重，生态环境却恶劣而脆弱。尤其大气污染，市民反映强烈，既影响城市的人居环境，又影响投资环境，严重影响经济发展和社会安定，已到了非治不可的境地。传统工业的“三高”模式（高投入、高消耗、高污染）难以为继，需要尽快转变发展方式，化解经济发展与生态环境恶化的突出矛盾。绿色发展之路成为直辖重庆的必然选择。

重庆直辖后，各届政府在走绿色发展之路的观念上达成了共识，在科学研究和规划基础上，史无前例地组织实施了一系列清洁空气行动。

2000—2004 年，重庆市相继实施清洁能源工程和“五管齐下”净空工程。投入了 13.6 亿元，用于执行重庆主城的燃煤设施改用天然气等清洁能源、关闭采（碎）石场、机动车排气污染控制、裸露地面绿化及硬化、重点污染企业治理等污染整治任务。共减少燃煤 200 余万吨，减排二氧化硫 11.1 万吨。同时，大力推进民用“煤改气”，数百万重庆市民从此告别了煤烟时代。重庆成为全国最早实施清洁能源工程的城市之一。

2005—2012 年，实施“蓝天行动”，并配合完成国家节能减排任务。“蓝天行动”是重庆市“十一五”期间开展环保“四大行动”（蓝天、碧水、绿地、宁静）之一。“蓝天行动”投入约 95 亿元，通过一系列的环保工程和监管措施，使空气质量持续改善，建立起良好的大气环境，让市民呼吸到清新的空气，看到更多的蓝天白云。

重庆扎实推进退耕还林还草、天然林保护、水土保持、石漠化治理等重大生态修复工程，2017 年，重庆市森林覆盖率达到 45.4%，比 2000 年提高 24.4 个百分点。加大消落区治理力度，按保留保护区、生态修复区、综合治理区分类实施保护，消落区耕种面积降至 2465 亩，长江两岸森林覆盖率提升至 50.2%。严格生态空间管控，全面落实国家主体功能区战略，夯实绿色发展本底。全面推行河长制，滚动实施“碧水、蓝天、绿地、田园、宁静”五大环保行动，长江干流重庆段水质为优，纳入国家考核的 42 个断面水质优良比例达到 90.5%。打好黑臭水体歼灭战，城市建成区 31 段黑臭河段基本消除黑臭现象。打赢蓝天保卫战，2017 年空气质量优良天数达到 303 天，较开始执行新标准的 2013 年增加 97 天。

2018 年是重庆加快建设长江上游重要生态屏障的关键之年，重庆市林业系统按照市委、市政府打好三大攻坚战和实施八项行动计划总体部署，围绕建设长江上游重要生态屏障目标，狠抓重点任务落地落细落实，亮点频出。

国土绿化提升行动超额完成任务。重庆市全年共完成营造林 640 万亩，超年初 570 万亩计划任务 12.3%；在照母山森林公园建成重庆市首个“互联网 + 全民义务植树”基地，全年 1791.8 万人次参加义务植树，累计植树 7527.6 万株。

林业改革向纵深推进。重庆市探索实施了横向生态补偿提高森林覆盖率机制，推动形成各区县共同担责、共建共享的国土绿化新格局；探索建立林票交易制度，通过市场化购买生态价值量实现林地生态价值占补平衡；深化林业投融资体制改革，争取国开行授信 150 亿元建设国家储备林。

生态扶贫成效显著。全年共实现林业产业总产值 1200 亿元，较 2017 年增加 13.7%；积极扶持涉林民营企业，落实贴息贷款 6.6 亿元。对 14 个国贫区县安排市级以上林业投入占比超 60%；落实 18 个深度贫困乡镇林业扶持项目 129 项，市级以上补助资金 1.89 亿元；选聘 1.85 万名建档立卡贫困人口担任生态护林员，人均年管护费超过 5000 元。

其中，“国土绿化提升”扮绿巴渝大地。重庆地处长江上游和三峡库区腹心地带，保护好三峡库区和长江母亲河，事关国家发展全局，事关重庆长远发展。

2018 年，重庆立足自身、服务大局，启动了重庆市国土绿化提升行动，决心用 3 年时间完成营造林 1700 万亩，到 2022 年重庆市森林覆盖率从 2015 年底的 45.4% 提高到 55% 左右。重庆市国土绿化提升行动不仅是植树造林，更是一个系统提升重庆市国土绿化成效的攻坚行动。在推进国土绿化提升过程中，重庆市始终坚持走“扩大增量、优化存量、提升质量”之路，在扩大增量上做“加法”、在优化存量上做“减法”、在提高质量上做“乘法”、在防范风险上做“除法”。造林进度慢、用地资金难落实，面对上半年重庆市造林绿化过程中出现的问题，2018 年，重庆市启动了一场持续近 4 个月的国土绿化提升行动“秋冬季百日大会战”，重庆市上下集中精力、集中人财物，投入了这场攻坚战。

在这场行动中，重庆市锁定三个环节作为重要突破口，攻坚克难，国土绿化成效显著。

针对造林进度慢的问题，扭住薄弱环节，补差距。在大会战中，重庆市按照下达的年度目标任务对照检查上半年营造林任务完成情况，对重庆市尚未完成的238万余亩营造林任务逐一进行梳理明确，并落实到了各乡镇、林场等责任主体。同时，针对用地难问题，强化用地落实，补短板。进一步调查核实造林绿化用地空间，依据年度实施方案，将秋冬季造林任务落实到山头地块和每个图斑。凡是符合退耕还林条件的做到应退尽退。充分挖掘利用现有林间隙地进行封育和补植，注重利用城乡及农村“四旁”零星空地植树。结合“城市双修”工作，大力开展城市立体绿化美化。

此外，针对造林资金难落实问题，创新投资渠道，强化资金保障。充分整合国家重点工程项目资金，进一步加大区县财政投入力度。充分利用国家绿色金融政策，加大金融支持力度。推进林地规范流转，建立“谁投资、谁享用、谁受益”的造林激励机制，引导国企、民企、外企、集体、个人、社会组织等各方面投资投劳开展造林绿化。

截至2018年12月底，重庆市累计投入国土绿化资金51.2亿元，完成各类营造林任务640万亩，超年初570万亩计划任务12.3%，占3年1700万亩目标任务的37.6%，取得头年首胜。

石柱县利用深度调整农业种植结构的契机，大力推进干鲜果、中药材等主导产业发展。完善利益联结机制，建立村集体股份合作模式、代建代管联营模式、业主规模示范模式、能人大户带动模式4种合作模式，实现了增绿又增收。奉节县以问题为导向，厘清家底，解决树在哪里造的问题，将全年27.7万亩营造林任务划分成7大类21个子项目，落实造林绿化用地。国土绿化提升行动规划总投资近6.09亿元，其中县级财政及社会投入资金占总投资的71%，结合脱贫攻坚产业发展，受益大户及群众投劳折资7935.88万元。

渝北区高位推动实施全域国土绿化。以书记、区长任组长，实行领导干部任期绿化目标责任制，层层签订责任书，逐级压实责任，全力推动。同时，提高造林标准，加大财政投入，投入资金3亿余元，完成营造林4.8万亩。重庆市继续加快国土绿化步伐，各方加大了对重庆生态建设的关注与支持。

2019年初，国家林业和草原局、重庆市人民政府、国家开发银行共同签署《支持长江大保护共同推进重庆国家储备林等林业重点领域发展战略合作协议》，共同推动重庆市国家储备林建设。按照协议，重庆市作为国家储备林基地项目重点合作省份，优先支持重庆市实施国家储备林基地建设500万亩，投资规模190亿元，融资额度150亿元，贷款期限最长可达30年。这对重庆市解决造林资金、技术等问题有巨大的促进作用。

深化林业改革方面，持续释放生态红利。2018年是重庆市各行各业以改革促发展的关键一年。这一年中，重庆市林业改革步入“深水区”，谋划的15项重点改革项目实现了预期目标，持续释放的生态红利促进了“绿水青山就是金山银山”的有机融合，推动林业高质量发展。

特别重庆市在全国首创探索建立市场化多元化生态补偿机制取得了突破，受到了国家林草局充分肯定。为提升林地价值，推动城乡自然资本加快增值，重庆市鼓励社会资本参与国土绿化，2018年，重庆市在全国首创提出了林票制度研究工作。探索提出通过建立市场化生态补偿机制，将2022年重庆市森林覆盖率达到55%左右作为各区县共同目标，发达地区、企业可以通过购买异地造林服务，为落后地区造林提供资金，形成横向森林生态补偿的新机制，有利于推动形成各区县共同担责、共建共享的国土绿化新格局，让保护生态的地方不吃亏、能受益。

同时，重庆市大力推进“三变”改革（资源变资产、资金变股金、农民变股东）试点。2018年，21个区县已确定了林业“三变”改革试点村，林地入股面积达7万余亩，入股户数6043户，人均增收793元；探索了重点生态区位生态保护、增加林农财产收入新机制，在武隆区、石柱县开展非国有商品林赎买改革试点。两区县已完成3006亩非国有商品林赎买改革任务，增加农民收入297.4万元，其中受益贫困人口101人，为重庆市在重点生态区位、生态脆弱敏感区开展非国有商品林保护利用探索了可借鉴的经验和办法。

另外，重庆市还扎实开展集体林业综合改革试验区示范，在总结北碚区、永川区、南川区等6个试验示范区取得成效的基础上，试验区扩大到14个区县试点，其中国家级3个。重点围绕放活林地经营权、探索林地“三权分置”

改革、培育新型林业经营主体、完善林业社会化服务体系、促进增强林业发展动力5个方面开展试验，争取用3年时间，在重点领域和关键环节开展探索试验和制度创新，形成一批可推广的经验做法。

生态扶贫方面，重庆市壮大林业特色产业，助力脱贫攻坚。2018年是重庆市加快脱贫攻坚的关键之年。重庆市林业系统深入推进林业政策扶贫、生态产业扶贫和林业改革创新扶贫举措，深度融入乡村振兴行动，为重庆市脱贫攻坚贡献出了自己的力量。市林业局合作产业处相关负责人介绍，为助力脱贫攻坚，市林业局完成《重庆市林业产业发展规划（修编）》和笋竹、木本油料、林下经济、森林旅游、森林康养5个专项规划，着力推进木本油料、笋竹、林下经济、森林旅游、森林康养、林产品加工贸易六大林业主导产业。2018年，在特色产业基地发展方面，重庆市共新增笋竹和特色经济林130余万亩。重庆市还出台《关于大力推进林旅深度融合发展助推各区县打造旅游发展升级版的实施意见》，大力推进林旅深度融合发展，助推打造旅游发展升级版，累计发展森林人家3300余家，仅7—8月共2600余万人次进入重庆市林区纳凉避暑。

同时，重庆市大力推动林业产业向园区集中，发展市级以上林业龙头企业130余家。与中林集团签署协议，共同推进重庆市国家储备林及林业生态扶贫等林业重点领域发展；争取国家林草局500万亩国家储备林基地项目，于2019年起开始启动实施；促成中国西部木材贸易港正式落地巴南区，中林集团重庆公司进港木材150万立方米，较2017年增长130%。

此外，市林业局大力支持林业品牌建设，会同市发展改革委、市农业农村委审定市级林业特色农产品优势区11项，成功申报国家林业特色农产品优势区4项；大力扶持民营经济发展，集中走访民营企业34家，出台《重庆市林业局关于支持民营经济发展的实施意见》，落实涉林企业贴息贷款6.6亿元。

市林业局会同市扶贫办印发《重庆市推进生态扶贫工作实施意见》，深化落实生态工程项目、生态产业、生态效益补偿、生态公益岗位、林业科技服务等8个方面20条具体的生态扶贫举措。2018年对14个国家贫困区县安排的市级及以上的林业投入占重庆市的比重超过60%，其中通过深入调研和精准对接与协调，落实 18 个深度贫困乡镇林业扶持项目 129 项，市级以上补助资金 1.89 亿元，从 14 个国贫区县建档立卡贫困人口中选用生态护林员 1.85 万名，人均年管护费超过 5000 元。据初步统计，2018 年，重庆市林业产业总产值 1200 亿元，为贫困地区林农脱贫打下了坚实的基础。

2016 年 9 月，《长江经济带发展规划纲要》正式印发，提出长江经济带在空间布局上确立形成“一轴、两翼、三极、多点”的格局。“一轴”：以长江黄金水道为依托，发挥上海、武汉、重庆的核心作用，以沿江主要城镇为节点，构建沿江绿色发展轴。“两翼”：发挥长江主轴线的辐射带动作用，向南北两侧腹地延伸拓展，提升南北两翼支撑力。南翼以沪瑞运输通道为依托，北翼以沪蓉运输通道为依托，促进交通互联互通，加强长江重要支流保护，增强省会城市、重要节点城市人口和产业集聚能力，夯实长江经济带的发展基础。“三极”：以长江三角洲城市群、长江中游城市群、成渝城市群为主体，发挥辐射带动作用，打造长江经济带三大增长极。长江三角洲城市群。充分发挥上海国际大都市龙头作用，提升南京、杭州、合肥都市区国际化水平，以建设世界级城市群为目标。长江中游城市群。增强武汉、长沙、南昌中心城市功能，促进三大城市组团之间的资源优势互补、产业分工协作、城市互动合作。提升重庆、成都中心城市功能和国际化水平，发挥双引擎带动和支撑作用。“多点”：发挥三大城市群以外地级城市的支撑作用，以资源环境承载力为基础，不断完善城市功能，发展优势产业，建设特色城市，加强与中心城市的经济联系与互动，带动地区经济发展。《长江经济带发展规划纲要》赋予了重庆“一轴、两翼、三极、多点”格局中的重要地位和作用，可归纳为沿江绿色发展轴上核心城市、交通互联互通重要节点、三大增长极重要主体、内陆开放高地，等等。

一、沿江绿色发展核心城市

共抓大保护，不搞大开发。在《长江经济带发展规划纲要》中，围绕生态优先、绿色发展的基本思路，提出以长江黄金水道为依托，发挥上海、武汉、重庆的核心作用，构建沿江绿色发展轴，推动经济由沿海溯江而上梯度发展。

一江碧水向东流，长江经济带的首要问题是水资源的涵养和保护问题。

在生态优先、绿色发展的基本思路框架下，要打造沿江绿色发展轴，需要建设一条绿色航运水道，推动经济由沿海溯江而上。上海、武汉、重庆作为核心城市，还应该在全国率先试点水域减排，对用于运输的内河水系实施相对较高的排放标准。长江是大自然赐予我们最好的礼物，不能随便开发。

二、互联互通战略支点

2017 年以来，在中新（重庆）战略性互联互通示范项目框架下，我国西部相关省区市与新加坡携手合作，以重庆为运营中心，以广西北部湾为陆海联运门户，打造有机衔接“一带一路”的中新互联互通国际陆海贸易新通道，成为西部内陆开放的一道亮丽新风景。国际陆海贸易新通道实现中国西部到东南亚、南亚线路的“裁弯取直”。以重庆—新加坡为例，传统的江海联运需经长江至上海，所花时间约 25 天，经国际陆海贸易新通道铁海联运只需 7 至 10 天。四通八达的国际大通道，让山城重庆成为重要枢纽：向西，中欧班列直达欧洲；向南，“陆海新通道”通达新加坡等东南亚国家；向东，通过长江黄金水道出海；向北，“渝满俄”班列直达俄罗斯。《重庆口岸提升跨境贸易便利化若干措施》明确将货物提离时间降低 1/3 以上，口岸综合物流成本降低 10% 以上。中国和新加坡还将在重庆两江新区合作建设多式联运示范基地，探索多种运输方式在货物交接、合同运单等方面的制度对接和统一规范，为内陆开放添动力。

三、三大增长极重要主体

长江经济带以长三角、长江中游和成渝三大城市群为支撑，重庆在成渝城市群中发挥着核心作用。成渝城市群，提升重庆和成都双核带动功能，依托成渝发展主轴、沿江城市带和成德绵乐城市带，重点发展装备制造、汽车、电子信息、生物医药、新材料等产业，提升和扶持特色资源加工和农林产品加工产业，积极发展高技术服务业和科技服务业，打造全国重要的先进制造业和战略性新兴产业基地、长江上游地区现代服务业高地。

四、内陆开放高地

开放口岸是全球配置资源要素的重要平台，是国家或地区开放型发展联通全球市场的重要枢纽，是区域经济发展的新引擎。重庆是西部大开发的重要战略支点，处在“一带一路”和长江经济带的联结点上，并努力在推进新时代西部大开发中发挥支撑作用、在推进共建“一带一路”中发挥带动作用、在推进长江经济带绿色发展中发挥示范作用。

2016 年，《长江经济带发展规划纲要》印发，描绘了长江经济带发展的宏伟蓝图，并确立了“一轴、两翼、三极、多点”的发展新格局，如图 1–1。同时加快内陆开放型经济高地建设。推动区域互动合作和产业集聚发展，打造重庆西部开发开放重要支撑和成都、武汉、长沙、南昌、合肥等内陆开放型经济高地。

2019 年，重庆印发《全面融入共建“一带一路”加快建设内陆开放高地行动计划》（简称《行动计划》），行动计划中明确，实施开放口岸完善行动，打造贸易畅通集散地，建设口岸体系全、功能配套齐、通关效率高、服务环境优、集聚辐射强的口岸高地。到 2022 年，重庆市将基本形成全方位、多层次、宽领域的开放格局，初步建成内陆国际物流枢纽和口岸高地。

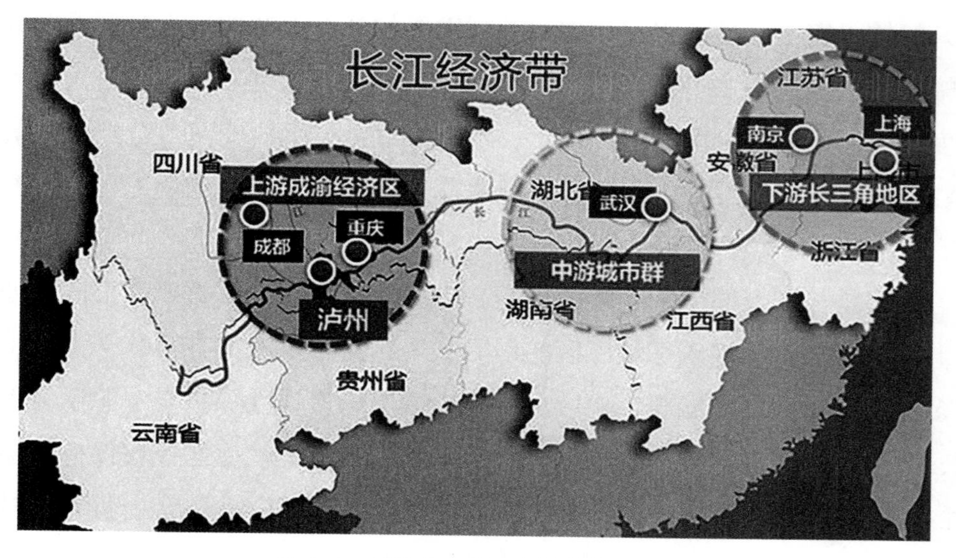

图 1–1 重庆市在长江经济带战略中的定位

筑牢长江上游重要生态屏障，对保障整个长江流域的生态平衡和国土安全具有不可替代的作用。习近平总书记于2016年以来两次亲临重庆视察，从“建设长江上游重要生态屏障”到“筑牢长江上游重要生态屏障”，对重庆在推进长江经济带绿色发展中发挥示范作用提出了更高要求，寄托了更高期盼。筑牢长江上游重要生态屏障，必须正确认识重庆独特的生态区位，准确把握长江上游重要生态屏障的生态功能，扎实推进生态屏障建设。

正确认识长江上游重要生态屏障独特的生态区位。重庆地处青藏高原与长江中下游平原的过渡地带、三峡库区腹心地带，是长江上游生态屏障的最后一道关口，生态区位十分关键。

重庆地处青藏高原与长江中下游平原的过渡地带，生态环境脆弱。重庆位于大巴山断褶带、川东褶皱带和川湘黔隆起褶皱带三大构造单元的交汇处，地质构造复杂、褶皱强烈、山体断裂发育、岩性疏松，崩塌、滑坡、泥石流等自然灾害易发多发。重庆以山地—河流生态系统为主，有大巴山、华蓥山、武陵山、大娄山四大山系，长江、嘉陵江、乌江三大水系，山高水深、沟壑纵横，河流强烈下切侵蚀，地形破碎，属于典型的生态脆弱过渡区。

重庆位于三峡库区腹心地带，生态问题敏感。三峡水库维系了全国35%的淡水资源涵养，是我国重要的淡水资源战略储备库，关乎长江中下游3亿余人的饮水安全，是南水北调中线工程重要的补充水源地，为全国近四分之一幅员范围提供用水。重庆境内河流众多，水体环境复杂；再加之人类活动强度较大，污染源分散、面广量多，治理难度大，水质安全形势严峻。筑牢长江上游重要生态屏障，对确保三峡水库淡水资源安全和三峡工程运行安全具有重大意义。

重庆是长江上游生态屏障的最后一道关口，生态地位重要。重庆地处长江上游，是长江水汇入三峡库区的最后一个结点。重庆拥有秦岭 – 大巴山生物多样性保护与水源涵养重要区、武陵山区生物多样性保护与水源涵养重要区、大娄山区水源涵养与生物多样性保护功能区、三峡库区土壤保持重要区4个重要生态功能区，是长江上游最后一道生态屏障。生态环境一旦遭受破坏，不仅大大影响重庆自身生态平衡，也威胁到整个长江流域乃至更大范围的生态安全。筑牢长江上游重要生态屏障对保障整个长江流域的生态平衡和国土安全，具有不可替代的作用。

准确把握长江上游重要生态屏障的生态功能。重庆独特的生态区位决定了长江上游重要生态屏障应具备四大功能，即净化水质、涵养水源、水土保持、保护生物多样性。

净化水质功能。净化水质是指通过森林、草地、土壤、水中植物和微生物等的吸收、分解作用，阻止或降低有害物质对水质的不利影响。重庆境内有长江、嘉陵江、乌江等 12 条大型河流，流域面积 50 平方千米以上的河流共 510 条，多年平均过境水资源量近 4000 亿立方米。目前，重庆 42 个国考断面水质虽达到考核目标，但受沿江企业排污、面源污染、生活污水排放等问题困扰，部分河段水华频发，水质安全形势依然严峻。净化水质，保障长江中下游地区用水安全，是重庆生态屏障建设应具备的重要功能。

涵养水源功能。涵养水源是指通过恢复植被等绿化措施，增加对降水的截留、吸收和下渗，蓄积水分、调节径流，满足系统内外的水源供给。重庆人均森林面积只有全国平均水平的 70% 左右。湿地总面积仅 2000 余平方千米，占重庆市面积比率不到 3%，由于资源开发等人类活动致使水田、水域等不断萎缩，导致湿地的涵养水源、调节径流等功能受损。局部地区岩溶塌陷、矿山开发等造成高位地表泉水断流，地下水位下降，部分山坪塘干涸。涵养水源功能的下降将会影响长江上游地区水资源数量和时空分布，造成局部地区水资源形势恶化。加强水源涵养，保障长江流域和更大范围的水资源供给，是重庆生态屏障建设应具备的重要功能。

水土保持功能。水土保持是指通过森林、草地等生态系统的恢复有效减轻雨水和地表径流对土壤的冲刷，达到减少水土流失的目的。重庆既是全国八大石漠化严重发生地区之一，又是长江上游水土流失严重的地区，地质灾害频发。重庆市有 36 个区县属石漠化发生区，石漠化面积占重庆市辖区面积近十分之一；水土流失面积占重庆市辖区面积近三分之一，其中三峡库区占重庆市水土流失面积的比重高达 60%。水土流失造成的泥沙淤积，不利于长江防洪安全和三峡工程的长治久安。加强水土保持，保两岸青山还一江碧水，是重庆生态屏障建设应具备的重要功能。

保护生物多样性功能。保护生物多样性是指通过自然生态系统的恢复，为动植物、微生物和人类繁衍与生存提供生境与食源，维持生物种类的多样化。重庆自然生态系统中的植被垂直带、群系、群落与小生境等不同尺度的生态系统类型极具多样化。重庆是全球34个生物多样性关键地区之一，高等植物种类、兽类和鸟类分别约占全国的21%、19%和29%，有黑叶猴、川金丝猴、珙桐、银杉等多种国家一级重点保护野生动植物。城镇化、工业化、移民迁建和重大水利工程蓄水等人类高强度活动，对生物多样性产生较大影响。加强生物多样性保护，确保长江上游天然生物资源宝库安全，是重庆生态屏障建设应具备的重要功能。

多措并举筑牢长江上游重要生态屏障。重庆要立足独特的生态区位，紧紧围绕长江上游重要生态屏障的四大功能，系统谋划、综合施策、科学治理，切实做好污水治理、退耕还林、石漠化治理、矿山修复、自然地保护等一系列生态建设工程，筑牢长江上游重要生态屏障。

充分发挥长江上游重要生态屏障净化水质功能，不让污水进长江，确保碧水出夔门。要狠抓工业污染治理，严控工业污水排放，重点抓好长江干流及主要支流岸线1千米范围内工业管控，严禁在长江干流及主要支流岸线5千米范围内新布局工业园区。要加快推进城乡生活污水管网、处理厂等设施新改扩建及提标改造。要加强重点河段、重要支流、重要水库的黑臭水体治理。要加强农村人居环境综合整治、农业面源污染防治、乡镇污水处理，确保长江干流水质总体为优。

充分发挥长江上游重要生态屏障涵养水源功能，不让两岸开天窗，确保源头活水来。要在长江沿岸构建消落区生态阻隔林带、沿江生态景观林带、两岸生态防护林带。要继续深化新一轮退耕还林，实施长江防护林、天然林资源保护工程以及国家山水林田湖草生态保护修复工程。要构建以湿地自然保护区和湿地公园为主体的湿地资源保护体系，推进饮用水水源地规范化建设。

充分发挥长江上游重要生态屏障水土保持功能，不让寸土出山岭，确保江水绿如蓝。要加强坡耕地综合治理，在坡耕地分布相对集中地区，实施坡改梯、田间生产道路、地埂利用、蓄排引水等工程措施。要加强石漠化综合治理，实施造林种草，引导人口疏散，有效控制水土流失、山地灾害。要实施小流域综合治理，把水土流失治理与流域水环境整治、产业发展、农村人居环境综合整治有机结合，充分发挥水土保持综合效益。

充分发挥长江上游重要生态屏障保护生物多样性功能，不让生境物种稀，确保两岸猿声啼。要加强濒危特有物种及关键生态系统的就地保护和恢复，建立生物多样性保护综合管理体系，形成生物多样性保护网络。要建设三峡库区生物多样性基因库，加强珍稀动植物资源的保护和科学利用。要加强自然保护地生态廊道建设，构建生态廊道系统，实现主要生态斑块的自然衔接，促进不同海拔梯度、不同区域内物种基因的有效交流，改善动植物生存环境。

第二章 重庆市生态环境保护与绿色发展现状

第一节 重庆市经济社会发展概况

一、经济发展概况

目前，重庆经济建设基本形成大农业、大工业、大交通、大流通并存的格局，是西南地区和长江上游地区最大的经济中心城市。

面临产业结构处于深度调整期的压力，重庆市领导和群众迎难而上、砥砺奋进，以坚定的信心补短板、筑基础，持续打好三大攻坚战，大力实施八项行动计划，统筹推进稳增长、促改革、调结构、惠民生、防风险、保稳定工作，重庆市经济稳中有进，高质量发展态势向好。

（一）总体总量

综合来看，重庆市深耕产业基础，深挖增长潜力，经济增长稳中有进，持续向好态势明显。2020 年，重庆市地区生产总值 25002.79 亿元，比上年增长 3.9%。第一产业增加值 1803.33 亿元，增长 4.7%；第二产业增加值 9992.21 亿元，增长 4.9%；第三产业增加值 13207.25 亿元，增长 2.9%。三次产业结构比为 7.2 ∶ 40.0 ∶ 52.8。民营经济增加值 14759.71 亿元，增长 3.8%，占全市经济总量的 59.0%。

如图 2–1 所示，重庆市 1984—2020 年 GDP 由 1984 年的 141.64 亿元增加到 2020 年的 25002.79 亿元，呈现不断上升趋势，尤其是近 10 年以更大的规模稳步上升。

人均 GDP 也呈现出不断上升的势头，如图 2–2 所示，重庆市人均 GDP 由 1984 年的 542 元增加到 2020 年的 80026 元。

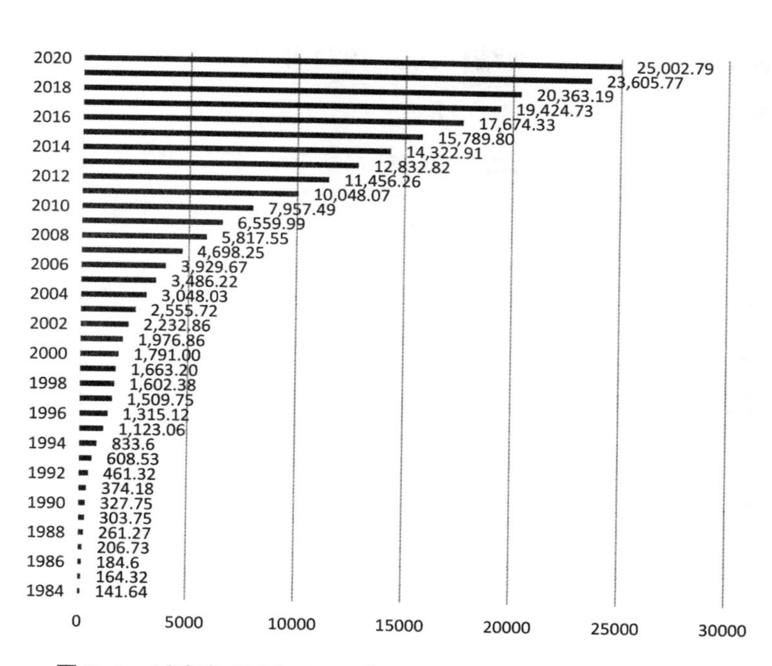

图 2–1　重庆市 1984—2020 年 GDP 变化情况（单位：亿元）

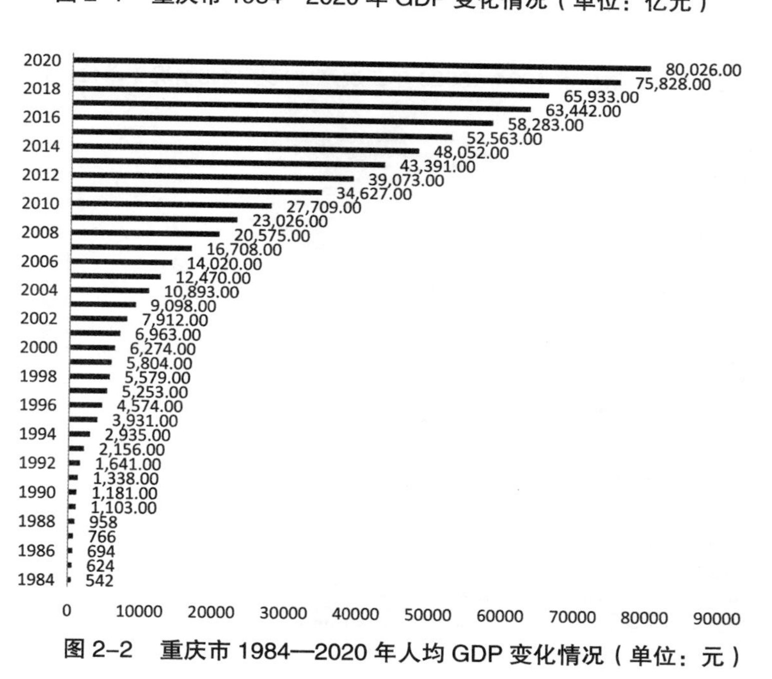

图 2–2　重庆市 1984—2020 年人均 GDP 变化情况（单位：元）

（二）产业结构

三次产业结构持续优化。如图 2–3 所示，重庆市第二产业规模不断高于第一产业，近些年第三产业规模已超过第二产业，居第一位，三次产业结构不断优化。

如图 2-4 所示，三次产业结构比由 1984 年 35.8 ∶ 42.8 ∶ 21.4 不断优化演变为 2020 年的 7.2 ∶ 40.0 ∶ 52.8。

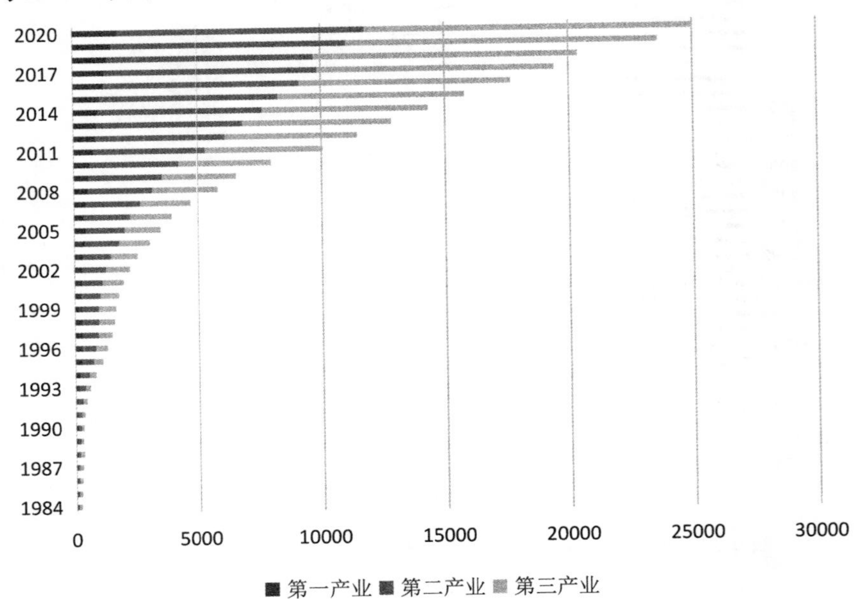

图 2-3 重庆市 1984—2020 年三次产业规模变化情况（单位：亿元）

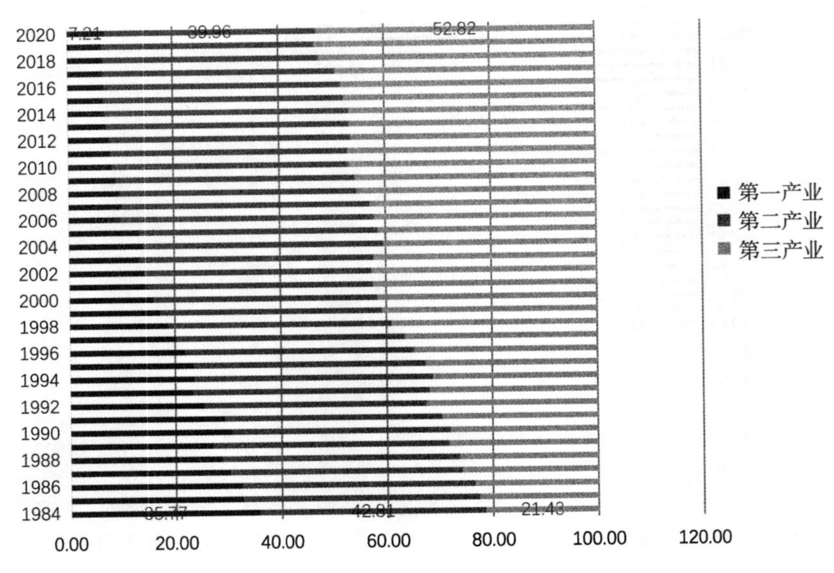

图 2-4 重庆市 1984—2020 年三次产业结构变化情况

（三）农业

2020 年，农林牧渔业增加值 1836.78 亿元，比上年增长 4.7%。全年粮食播种面积 3004.59 万亩，比上年增长 0.2%。粮食综合单产 359.92 公斤 / 亩，增长 0.4%。

全年粮食总产量 1081.42 万吨，比上年增长 0.6%。其中，夏粮产量 119.64 万吨，减产 0.4%；秋粮产量 961.78 万吨，增长 0.7%。全年谷物产量 753.73 万吨，增长 0.4%。其中，稻谷产量 489.19 万吨，增长 0.4%；小麦产量 6.09 万吨，减产 11.9%；玉米产量 251.13 万吨，增长 0.6%。全年猪肉产量 108.82 万吨，下降 2.9%。生猪出栏 1434.53 万头，下降 3.1%。年末生猪存栏 1082.90 万头，增长 17.5%。

（四）工业和建筑业

2020 年，规模以上工业战略性新兴制造业增加值比上年增长 13.5%，高技术制造业增加值增长 13.3%，占规模以上工业增加值的比重分别为 28.0% 和 19.1%。新一代信息技术产业、生物产业、新材料产业、高端装备制造产业分别增长 17.4%、4.7%、16.8% 和 9.0%。全年高技术产业投资比上年增长 26.6%，占固定资产投资的比重为 8.3%。全市限额以上批发和零售企业实现网上商品零售额比上年增长 45.0%，高于社会消费品零售总额增速 43.7 个百分点。全年新增市场主体 50.53 万户，年末市场主体总数 298.28 万户。

工业增加值 6990.77 亿元，比上年增长 5.3%。规模以上工业增加值比上年增长 5.8%。分经济类型看，国有控股企业增加值增长 7.3%，股份制企业增长 4.4%，外商及港澳台商投资企业增长 13.9%，私营企业增长 4.1%。分门类看，采矿业下降 0.6%，制造业增长 6.4%，电力、热力、燃气及水生产和供应业增长 2.1%。

规模以上工业中，分产业看，汽车产业增加值比上年增长 10.1%，摩托车产业下降 1.7%，电子产业增长 13.9%，装备产业增长 2.9%，医药产业增长 4.5%，材料产业增长 7.1%，消费品产业增长 0.8%，能源工业增长 0.9%。分行业看，农副食品加工业增加值比上年下降 10.1%，化学原料和化学制品制造业增长 8.0%，非金属矿物制品业增长 2.4%，黑色金属冶炼和压延加工业增长 10.7%，有色金属冶炼和压延加工业增长 12.7%，通用设备制造业下降 0.4%，铁路、船舶、航空航天和其他运输设备制造业下降 1.2%，电气机械和器材制造业增长 7.6%，计算机、通信和其他电子设备制造业增长 14.9%，电力、热力生产和供应业增长 2.9%。

规模以上工业企业利润总额比上年增长 17.3%。分经济类型看，国有控股企业利润增长 103.9%，集体企业下降 116.1%，股份制企业增长 8.1%，外商及港澳台商投资企业增长 127.5%，私营企业下降 0.4%。分门类看，采矿业利润比上年下降 24.1%，制造业增长 21.3%，电力、热力、燃气及水生产和供应业下降 9.4%。

全年建筑业增加值 3001.44 亿元，比上年增长 3.4%。全市总承包和专业承包建筑业企业总产值 8974.97 亿元，增长 9.1%。

（五）服务业

2020年，批发和零售业增加值2319.80亿元，比上年增长2.8%；交通运输、仓储和邮政业增加值 952.87 亿元，与上年持平；住宿和餐饮业增加值 488.91 亿元，下降 5.4%；金融业增加值 2212.80 亿元，增长 3.9%；房地产业增加值 1577.55 亿元，增长 0.5%；其他服务业增加值 5655.32 亿元，增长 4.4%。全年规模以上服务业企业营业收入 4458.38 亿元，比上年增长 5.4%。

货物运输总量 12.14 亿吨，货物运输周转量 3524.70 亿吨千米。全年内河港口货物吞吐量 16497.81 万吨，下降 3.7%。空港货物吞吐量 41.28 万吨，与上年持平。国际标准集装箱吞吐量 146.51 万标准箱，其中铁路吞吐量 31.76 万标准箱，增长 31.2%。

旅客运输总量 3.99 亿人次，比上年下降 37.4%。旅客运输周转量 633.91 亿人千米，下降 36.5%。空港旅客吞吐量 3638.31 万人次，下降 21.6%。

年末全市民用车辆拥有量 764.88 万辆，比上年末增长 16.6%。其中私人汽车拥有量697.10万辆，增长17.6%。民用轿车拥有量254.10万辆，增长7.7%。其中私人轿车 233.99 万辆，增长 8.7%。

全年完成邮政业务总量 202.10 亿元，比上年增长 21.5%。邮政业全年完成邮政函件业务 2246.24 万件，包裹业务 21.60 万件，快递业务 7.31 亿件，快递业务收入 83.03 亿元。

完成电信业务总量 2871.82 亿元，增长 21.6%。电信业移动电话交换机容量 1630.00 万户。全市电话用户 4240.17 万户，其中移动电话用户 3640.08 万户。移动电话普及率为 116.51 部 / 百人。互联网用户 4541.27 万户，其中移动互联网用户 3117.18 万户，固定宽带互联网用户 1424.09 万户；手机上网用户 3110.31 万户，增长 3.3%。

二、社会发展概况

（一）人口发展

近些年来重庆市新型城镇化进程稳步推进，城镇化建设取得了历史性成就，迈上了新台阶，人口保持平稳增长态势。截至 2020 年 12 月，重庆辖 26 个区、8 个县、4 个自治县；204 个街道、611 个镇、193 个乡、14 个民族乡。全市常住人口共 3205.42 万人，与 2010 年第六次全国人口普查的 2884.62 万人相比，增加 320.80 万人，增长 11.12%，年平均增长率为 1.06%，比 2000 年到 2010 年的年平均增长率 0.12% 上升 0.94 个百分点。

居住在城镇的人口为 2226.41 万人，占 69.46%；居住在乡村的人口为 979.01 万人，占 30.54%。与 2010 年相比，城镇人口增加 696.82 万人，乡村人口减少 376.02 万人，城镇人口比重上升 16.43 个百分点。男性人口为 1620.21 万人，占 50.55%；女性人口为 1585.21 万人，占 49.45%。总人口性别比为 102.21，比 2010 年第六次全国人口普查减少 0.40，人口的性别结构持续改善。

（二）教育和科学技术

截至 2020 年底，市级及以上重点实验室 182 个，其中国家重点实验室 10 个。市级及以上工程技术研究中心 364 个，其中国家级中心 10 个。新型研发机构 152 个，其中高端研发机构 67 个。有效期内高新技术企业 4222 家。全年技术市场签订成交合同 3592 项，成交金额 154.2 亿元。

全年专利授权 5.54 万件，其中发明专利授权 0.76 万件。有效发明专利 3.54 万件。全市共有注册商标 60.39 万件，比上年增长 21.0%。驰名商标 160 件，地理标志 278 件。年末全市共有产品检验检测机构 69 家，其中国家质检中心 19 个。现有认证机构 6 家。法定计量技术机构 7 个，全年强制检定计量器具 406.74 万台（件）。全年修订、制定地方标准（不含工程建设、食品安全）130 项。

全市共有普通高等教育学校 68 所，成人高校 4 所，中等职业学校 170 所，普通中学 1132 所，普通小学 2754 所，幼儿园 5704 所，特殊教育学校 39 所。

高等教育毛入学率为53.3%，高中阶段教育毛入学率98.48%，初中入学率为99.86%，小学入学率为99.99%，学前教育三年毛入园率90.30%。在园幼儿普惠率88.30%。九年义务教育巩固率95.50%。

（三）文化、旅游、卫生和体育

截止到2020年底，全市共有登记备案博物馆105个，文化馆41个，公共图书馆43个，公有制艺术表演团体20个。广播综合人口覆盖率99.33%；电视综合人口覆盖率99.40%。全年生产电视剧6部、电影19部、电视动画片15小时57分钟。出版各类期刊4310.68万册，图书13464.96万册（张）。全市共有国家级综合档案馆40个、市级专业档案馆1个、市级部门档案馆4个。

2020年接待入境旅游人数14.63万人次，旅游外汇收入1.08亿美元，分别下降96.4%和95.7%。年末全市拥有国家A级景区262个，其中5A级景区10个，4A级景区121个。

年末全市共有各级各类医疗卫生机构20922个。其中，医院859个，社区卫生服务中心（站）557个，乡镇卫生院826个，村卫生室9815个。医疗卫生机构实有床位数23.55万张。其中，医院床位17.50万张，乡镇卫生院床位4.45万张。全市共有卫生技术人员23.75万人。其中，执业医师和执业助理医师8.87万人，注册护士10.94万人。

年末全市共有体育场地12.62万个，体育场地面积5891.44万平方米。我市获全国最高水平比赛奖牌46枚，其中金牌5枚。

第二节　重庆市生态环境保护现状

近些年，重庆市委、市政府紧紧围绕把习近平总书记殷殷嘱托全面落实在重庆大地上这条主线，全面贯彻党中央、国务院关于加强生态环境保护的系列部署要求，坚定不移走生态优先、绿色发展之路，坚决打好污染防治攻坚战，长江上游重要生态屏障进一步筑牢，山清水秀美丽之地建设成效显著。

一、生态环境保护取得明显成效

（一）生态环境保护成为全社会的共识

近些年，重庆市委、市政府高度重视生态环境保护工作，主要负责同志率先垂范，共同担任市深入推动长江经济带发展加快建设山清水秀美丽之地领导小组组长、市生态环境保护督察工作领导小组组长、市总河长、市总林长，分别担任市污染防治攻坚战总指挥、副总指挥，多次主持召开会议研究部署生态文明建设、打好污染防治攻坚战等重点工作。全市各级各部门对生态环境保护的认识发生根本性转变，管发展必须管环保、管生产必须管环保、管行业必须管环保的自觉性、主动性显著增强，“党政同责、一岗双责”大环保格局逐步形成。深入推进生态文明体制改革，出台系列生态环境保护政策文件，推动实施生态环境保护督察等制度，在全国率先完成环保机构垂直管理体制改革、率先发布“三线一单”成果、率先实现固定污染源排污许可全覆盖，开展“无废城市”建设、山水林田湖草生态保护修复、生态环境损害赔偿制度改革等全国试点。生态环境保护成为全社会的共识和行动，“绿水青山就是金山银山”理念深入人心，“生态优先、绿色发展”和“共抓大保护、不搞大开发”成为重庆大地主旋律。

（二）生态保护修复全面加强

统筹山水林田湖草系统治理，推进“治水、育林、禁渔、防灾、护文”，多为自然“种绿”、多为生态“留白”。划定并严守生态保护红线，持续开展“绿盾”自然保护地监督检查专项行动。大力开展国土绿化提升行动，推进中心城区“两江四岸”“清水绿岸”“四山”生态治理。2020 年，全市森林覆盖率达到 52.5%，较 2015 年提高 7.1 个百分点，湿地生态功能得到提升，生态系统质量明显提升。高起点高标准高质量推进广阳岛片区长江经济带绿色发展示范建设，精心打造“长江风景眼、重庆生态岛”。璧山区、北碚区、渝北区、黔江区、武隆区成为国家生态文明建设示范区，武隆区、广阳岛入选“绿水青山就是金山银山”实践创新基地。长江上游重要生态屏障进一步筑牢，“山水之城·美丽之地”颜值更高、气质更佳。

（三）环境质量明显改善

聚焦“水里”“山上”“天上”“地里”，重庆市持续深化“建”“治”“管”“改”，深入实施“碧水、蓝天、绿地、田园、宁静”五大环保行动，以碧水保卫战、蓝天保卫战、净土保卫战以及柴油货车污染治理、水源地保护、城市黑臭水体治理、长江保护修复、农业农村污染治理等标志性战役为重点，坚决打好污染防治攻坚战。2020 年二氧化硫、氮氧化物、化学需氧量、氨氮排放量较 2015 年分别下降 22.4%、18.3%、8.3%、7.4%。全市空气质量优良天数达到 333 天、较 2015 年增加 41 天，PM2.5（细颗粒物）年均浓度降至 33 微克 / 立方米、首次达到国家二级标准（35 微克 / 立方米），蓝天白云成为常态。长江干流重庆段水质为优，42 个国考断面水质优良比例达到 100%，城市集中式饮用水水源地水质达标率 100%，守护好一江碧水向东流。农村人居环境持续改善，土壤、声、辐射环境质量总体稳定，全市未发生重特大突发环境事件。

1. 优良天数创下新高

2020 年，全年空气质量优良天数达 333 天，其中优 135 天、良 198 天，连续 2 年优的天数超过 100 天；全年空气质量超标 33 天，其中轻度污染 28 天、中度污染 5 天，已连续三年未出现重污染天气。优良天数超过 300 天的区县从 2017 年的 19 个增加到 2020 年的 40 个（包含两江新区、重庆高新区、万盛经开区）。2020 年，重庆市空气质量优良天数比率首次超过 90%，在直辖市中排名第 1，在 168 个重点城市中排名第 39 位，在长江经济带 11 个城市中排名第 5。

2. 空气质量六项指标首次全部达标

2020 年，全空气质量六项指标自有监测记录以来，首次实现全部达标。PM2.5 浓度 33 微克 / 立方米，首次达到国家标准（35 微克 / 立方米）；PM10 浓度 53 微克 / 立方米，连续 3 年达到国家标准（70 微克 / 立方米）；二氧化硫浓度 8 微克 / 立方米，2013 年实行空气质量新标准以来每年均达到国家标准（60 微克 / 立方米），且连续 3 年浓度未超过 10 微克 / 立方米；二氧化氮浓度 39 微克 / 立方米，连续 2 年达到国家标准（40 微克 / 立方米）；臭氧浓度 150 微克 / 立方米，连续 2 年达到国家标准（160 微克 / 立方米）；

一氧化碳浓度1.1毫克/立方米，2013年以来每年均达到国家标准（4毫克/立方米）。近三年，空气质量六项评价指标全部达标的区县分别为11个、19个、32个。

3. 全市联动强力推进

市委、市政府高度重视污染防治攻坚战，多次召开会议安排部署蓝天保卫战工作，专题研究高排放车辆限行、餐饮油烟专项治理、扩大烟花爆竹禁放范围、搬迁城区客货运场站、城区坡坎崖绿化等大气污染防治重难点工作，要求下大力气巩固提升蓝天保卫战成果。市人大常委会修订了《重庆市大气污染防治条例》《重庆市烟花爆竹燃放管理条例》，组织开展《大气污染防治法》执法检查。市政协通过《社情民意》积极建言献策，推动解决具体问题。

市政府成立大气污染防治攻坚战指挥部，分年度制定蓝天保卫战作战图，分解下达8大类70条2000多项工程和措施，实施量化考核。建立空气质量、目标任务、重点项目、督导问题“四张清单”，实施动态管理，压实各级责任。各区县政府、市级有关部门将蓝天保卫战纳入年度重点工作和绩效目标考核重点内容，强化责任落实，推动重点区域、重点行业大气污染治理和管控。市发展改革委、市经济信息委、市公安局、市民政局、市住房城乡建委、市城市管理局、市交通局、市商务委、市市场监管局、市机关事务局、市气象局等市级部门累计出台大气污染防治配套文件20余个、建立工作协调联动机制20余项；各区县建立区（县）级+镇（街）级+村（社区）级三级联动体系，定区域、定人员、定任务，协同管控，打好攻坚“组合拳”。

4. 精准施策成效显著

以深度治理为重点控制工业污染。在引导企业深度治理、提标改造方面，实施资金补助、免费监测、减免环保税、限时上门服务、环保领跑者制度等五项举措。2018—2020年，累计补助中央和市级资金6.8亿元，完成21台共928万千瓦燃煤火电机组超低排放改造、700余家重点企业和8000余家中小微企业综合整治、800余家工业炉窑废气治理升级改造、223台燃气锅炉清洁能源改造、1000余台2300余蒸吨燃煤锅炉淘汰，中心城区及上风向4个重点区执行大气污染物特别排放限值。在优化产业布局和能源结构方面，累计关闭搬迁大气污染企业300余家，化解船舶过剩产能2万载重吨，淘汰钢铁、水泥、火电、烧结砖瓦窑等落后和过剩产能312家，中心城区基本实现没有燃煤电厂、钢铁厂、化工厂、燃煤锅炉、水泥及烧结砖瓦厂。

以整治柴油货车为重点控制交通污染。累计淘汰黄标车和老旧车40.7万余辆，推广纯电动车6.5万余辆，完成33个储油库、1627个加油站、535辆油罐车油气回收治理，189座加油站安装油气回收在线监控，11个码头完成岸电设施改造，深度治理300余辆高排放非道路移动机械，淘汰拆解各类老旧船舶3000余艘。发布《关于主城区部分路段高排放车辆限行的通告》，抓拍闯限高排放车辆59.78万辆次；中心城区限制行驶国三及以下柴油货车和国一及以下汽油车；全面执行国六新车标准，全面提前供应国六车用汽、柴油，实现“三油并轨”；划定高排放非道路移动机械禁止使用区域近4000平方千米；中心城区4座客货运场站搬迁到核心区外。

以分级管控城市扬尘为重点控制扬尘污染。实施施工扬尘控制“红黄绿”差异化管理，严格落实扬尘控制十项规定，建设和巩固扬尘控制示范工地、道路4000余处。提高城市道路精细化保洁水平，中心城区主要道路机扫率提高到93%，其他区县达到80%以上。实施坡坎崖和边角地绿化1198万平方米，搬迁关闭两江四岸餐饮船舶和砂石码头140余处。出台《重庆市建筑垃圾密闭运输车辆技术标准》《中心城区建筑渣土全过程监管工作实施方案》，严查车辆冒装撒漏违法行为8万余起。

以整治餐饮油烟为重点控制生活污染。严格实施《餐饮业大气污染物排放标准》，累计完成餐饮油烟治理1.1万余家，其中公共机构食堂治理3100余家；主城都市区建设腊制品集中熏制点160余个。多部门联合出台《关于禁止在非指定区域露天焚烧、露天烧烤和经营食品摊贩的通告》，逐级建立巡查执法机制，秸秆综合利用率达到87.2%。全市划定高污染燃料禁燃区3206平方千米，主城都市区建成区全部划为烟花爆竹禁放区并逐年扩大到其他区县建成区。

以精准管控为重点增强监管能力。积极开展夏秋季臭氧防控、秋冬季大气污染防治攻坚行动，及时研判和分析污染形势。2020年，启动污染预警10次，飞机人工增雨19架次、地面人工增雨58日次。实施“5个综合监督组+2个督导帮扶组+1个执法监督组”常态化督导帮扶，12个厅局级领导包片帮扶，现场指导企业 1500 余家次，帮扶解决问题 2578 个，发现移交整治问题 3600 多个；执法监测重点企业累计 1700 余家。累计发放控制夏秋季臭氧污染告知书 6.2 万余份、餐饮服务项目环境保护事项告知书 4.5 万余份，引导企业主动治污。川渝大气污染联防联控持续深入，签订《深化川渝地区大气污染联合防治协议》，召开川渝重点区域大气污染联防联控会议，开展打赢蓝天保卫战联动帮扶，开展联动帮扶 6 轮次，检查企业 207 家，移交问题线索 133 条，联合执法查处违法违规问题 27 起。

以大数据智能化为重点增强科研能力。建立全市大气污染物排放清单，持续开展污染源来源解析及控制对策研究。累计开展颗粒物激光雷达、挥发性有机物走航等移动观测 200 余次行驶 2 万余千米，发现并识别区域污染问题 2000 余个。建立大气污染防治信息系统平台、空气质量 APP、执法检查 APP，提升大气污染信息化管理水平。依托全市生态环境大数据平台建设主城都市区空气质量网格化监测监管平台，建成投运 21 个区 802 个微站，整合空气质量、气象、污染物普查、在线监测、日常管理、智能识别、空间、源清单、机动车监管平台等数据 5.2 亿余条，利用信息化手段支撑大气污染防治管理工作，现代化污染治理体系逐步完善。

（四）一大批生态环境问题得以解决

不折不扣贯彻落实习近平总书记重要批示精神，高标准、高质量推进缙云山国家级自然保护区生态环境问题综合整治，缙云山生态环境明显改观。举一反三、标本兼治，长江上游珍稀特有鱼类国家级自然保护区、水磨溪湿地自然保护区突出生态环境问题整改取得显著成效。强力实施第 1 号、2 号市级总河长令，连续开展污水“三排”（偷排、直排、乱排）、河道“三乱”（污水乱排、岸线乱占、河道乱建）专项整治，河流管理保护成效明显。把解决突出生态环境问题作为民生优先领域，有效整改、按时销号中央巡视“回头看”、中央生态环境保护督察、市级生态环境保护督察以及“绿盾”“清废”行动等“中字头”“国字头”“部字头”“市字头”监督检查、专项行动发现的一大批问题，老百姓的获得感、幸福感、安全感明显增强。

（五）积累了行之有效的基本经验

坚持以习近平生态文明思想为引领，全面贯彻习近平总书记对重庆提出的重要指示要求，对表对标党中央生态环境保护决策部署，强化思想武装。坚持以人民为中心，将不断满足人民群众对美好生活的需要作为根本目的，一切为了人民、一切依靠人民，形成全社会齐抓共建的良好氛围。坚持“党政同责、一岗双责”，建立健全河长制、林长制，促进“小环保”真正转变为“大环保”新格局。坚持问题导向、目标导向，建立健全暗查暗访、问题发现、跟踪调度、督导帮扶、质量排名、曝光约谈、移交督办、整改检查、督察问责等推进实施机制和压力传导机制。实行“一竿子插到底”“一点（站）一队一策”“一河（企）一策”等工作机制，治理措施更加科学精准。

二、生态环境保护仍然任重道远

（一）协同推进发展与保护的难度增大

新冠肺炎疫情加速了世界百年未有之大变局，全市放松生态环境监管、减少环保投入的现象可能出现反弹。全市区域、城乡发展不平衡，渝东北和渝东南大多数区县（自治县）仍处于工业化初级或中级阶段，统筹区域经济发展和生态产品供给是面临的重大课题。全市光伏、风电、水电等资源有限，提高非化石能源占比难度大，能源结构以煤为主、运输结构以公路为主的状况没有根本改变，生态环境保护结构性、根源性、趋势性压力依然较大，实现碳达峰碳中和任务较为艰巨。

（二）生态环境质量持续改善任务复杂艰巨

全市污染治理和生态保护修复所面临的严峻形势依然存在，生态环境质量改善从量变到质变的拐点还没有到来、成效还不稳固。交通污染成为全市大气污染的主要来源之一，臭氧污染日益突出。黑臭水体长治久清刚刚起步，部分支流水质难以稳定达到水域功能要求。土壤、地下水和农业农村生态环境保护基础薄弱。全市水土流失、石漠化、河流岸线过度开发、城镇开发建设活动挤占生态空间等问题依然存在。铁峰山国家森林公园、万盛黑山县级自然保护区等自然保护地仍有诸多历史问题亟待解决，两轮中央生态环保督察反馈的问题还有 35 项正在整改，部分问题成因融合叠加、情况复杂，需加速加力。

（三）生态环境治理体系和治理能力仍有较大提升空间

生态环境治理主体较为单一，更多强调运用行政手段，市场参与有限。投融资体系、市场交易体系、生态补偿体系等市场化政策机制还不健全，绿色发展制度相关政策比较零散，尚未形成系统推动力。生态环境保护权责边界划分不清、政府事权和支出责任不匹配的问题仍然存在，跨区域合作机制和跨部门协作机制仍不健全，基层生态环境监管执法能力不足。企业治污主体责任意识不强，缺乏治污的内生动力，依赖政府监管被动开展污染治理的现象比较普遍。社会组织与公众参与制度不完善，参与渠道不够畅通。环境基础设施建设仍存在短板，城乡生活污水收集处理、垃圾焚烧等能力不足。生态环境监测网络覆盖不全面，生态监测评估等基础制度与能力较为薄弱。物联网、大数据、云计算、人工智能等现代信息技术在生态环境监管中的应用处于起步阶段。

第三节　重庆市绿色发展状况

一、绿色经济加快发展

“十三五”期间，重庆节能环保产业在西部呈现技术领先、产业链完整度领先、对生态环境保护支撑能力领先三大亮点。在《重庆市环保产业集群发展规划(2015—2020年)》引领下，2020年重庆节能环保产业营收达1038.55亿元，突破千亿元大关。此外，据统计“十三五”期间，农业领域，重庆的绿色食品、有机农产品、地理标志农产品认证总数达6794个；工业领域，重庆已创建绿色工厂171家、绿色园区15个，渝南、潼南等大宗固体废物综合利用基地、重庆经开区绿色产业示范园区等试点示范建设进展顺利；文旅领域，重庆着力打好三峡、山城、人文、温泉、乡村“五张牌”，打造出南川金佛山、酉阳桃花源、万盛黑山谷、江津四面山、云阳龙缸等一批精品景区。

（一）启动建立健全绿色低碳循环经济体系

2021年10月，重庆市人民政府印发《重庆市人民政府关于加快建立健全绿色低碳循环经济体系的实施意见》，明确了健全绿色低碳循环发展的生产体系、流通体系、消费体系、基础设施、技术创新、法规政策等六大重点任务。

到2025年，全市战略性新兴产业、高技术产业占规模以上工业总产值比重分别提高至35%、32%，数字经济增加值占地区生产总值比重达到35%，非化石能源消费占一次能源比例达到23%，大宗工业固体废物资源化利用率达到70%，森林覆盖率达到57%，空气质量优良天数比例稳定保持在88%以上，完成国家下达的单位GDP能耗和二氧化碳排放下降率目标任务，市场导向的绿色技术创新体系更加完善，法规政策体系更加有效，绿色低碳循环发展的生产体系、流通体系、消费体系初步形成。到2035年，绿色发展内生动力显著增强，绿色产业规模迈上新台阶，重点行业、重点产品能源资源利用稳中有降，生态环境根本好转，山清水秀美丽之地基本建成。

（二）环保产业不断壮大

“十三五”期间，重庆市发展节能环保产业的意识逐年增强，在持续推进节能减排降碳、大力发展循环经济有力带动下，全市节能环保产业发展取得新成效。

1. 营业收入突破千亿

“十三五”期间重庆节能环保产业营业收入、营业利润实现翻番，产业发展增速明显加快。2020年，营业收入达到1038.55亿元，产业增加值占GDP比重为1.55%。节能环保企业数量超过1500家，从业人员数量超过11.5万人。

2. 行业领域不断拓宽

全市环境保护产品的产品类别从2015年的120项增加到2020年的300余项，产品类别增长2.5倍；节能产品类别增长1.5倍。以环境服务业和节能服务业为主的节能环保服务业加快发展，在全市节能环保产业营业收入的占比从2015年的28.50%提高到2020年的46.64%。

3. 产业主体成长迅速

重庆节能环保产业在环保综合服务、资源综合利用、环保技术装备等领域优势明显，处于全国领先水平，具有一批骨干企业，打响了“重庆环保品牌”。

全市节能环保产业现有上市公司 22 家，有效期内国家高新技术企业共有 222 家，进入“2020 中国环境企业 50 强”榜单的企业数量居西部省市第一。

4 产业研发能力增强

2020 年，我市节能环保产业科技研发投入占全市研发支出 2% 左右。全市节能环保产业拥有中国科学院重庆绿色智能技术研究院、国家危险废物处置工程技术中心、重庆市环保工程技术中心等 130 家市级以上科技创新平台，其中国家级重点实验室、工程技术中心 6 家。

（三）节能降碳超额完成国家目标任务

《重庆市应对气候变化白皮书（2020）》数据显示，2020 年，重庆市能源消费总量为 8875 万吨标准煤，较 2015 年累计增长 1127 万吨，低于国家下达的“十三五”不超过 1660 万吨增量的控制目标。全市能耗强度为 0.39 吨标准煤 / 万元，较 2015 年累计下降 19.41%，超额完成国家下达的“十三五”累计下降 16% 的目标任务。重庆能耗总量强度双超额完成国家下达目标任务。

“十三五”期间，重庆市大力推进“以电代油、以电代煤”，增加可再生能源配置，有效推动能源节约高效利用。截至 2020 年底，非化石能源消费占一次能源消费比重同比提高 2.5%；可再生能源发电装机占全市总装机容量达 36%，较 2015 年提高 2.2%。

重庆市从工业、建筑等重点领域，到生活垃圾全焚烧、餐厨垃圾资源化，再到相关制度保障，节能增效工作取得明显成效，为碳达峰碳中和工作奠定坚实基础。

1. 紧抓工业、建筑、交通、公共机构等重点行业单位节能降耗工作

在工业方面，大力构建绿色制造体系，实施“能效赶超”“水效提升”“清洁生产水平提升”三项行动，“十三五”期间万元规模工业增加值能耗降至 0.795 吨标准煤，低于全国平均水平。

在建筑行业，制定发布《重庆市绿色建材评价标识管理办法》，率先在全国建立绿色建材评价标识制度，共有 94 个建材产品获得绿色建材评价标识。持续推进老旧小区建筑节能改造，累计实施居住建筑节能改造项目 56.24 万平方米。新增可再生能源建筑应用面积共 574.52 万平方米，完成年新增 100 万平方米的目标任务。

交通节能方面，积极建设绿色交通基础设施，全国绿色公路典型示范项目重庆潼南至荣昌高速公路建成通车，高速公路隧道LED照明覆盖率100%，全市具备岸电供应能力泊位达到203个。

公共机构节能方面，印发《重庆市公共机构节约能源资源"十三五"规划》《节约型机关创建实施方案》，深入推进节约型机关创建工作，成功创建94家国家级节约型公共机构示范单位，14家公共机构被遴选为全国"能效领跑者"。

2. 生活垃圾、餐厨垃圾实现无害化、资源化处理

位于重庆市渝北区洛碛镇桂湾村的洛碛餐厨垃圾资源化处理项目，采用一系列先进技术解决处理难题，为全国开展餐厨垃圾处置工作发挥了巨大示范作用。该项目担负中心城区全部餐厨垃圾处理重任，于2020年建成投用，每年可处置餐厨垃圾约110万吨、产生沼气8550万立方米、发电1.7亿度、生物柴油4.3万吨、产生天然气4750万立方米、有机肥料1.2万吨、减排二氧化碳57万吨，可供4.7万户家庭一年用电、16万户家庭一年用气量。

同样位于重庆市洛碛镇的垃圾焚烧发电厂项目，通过焚烧代替垃圾填埋，减少温室气体排放，同时产生绿色清洁电能为居民供电，从而实现双重碳减排效应。由于采用了高参数余热利用系统和烟气处理超低排放技术，该项目发电量较普通生活垃圾焚烧发电厂提高15%以上，每年可减排氮氧化物约1000吨；该厂日处理生活垃圾3000吨，有效帮助中心城区实现生活垃圾全焚烧、零填埋的目标。

3. 制度保障能耗总量和强度控制

重庆坚持将能耗双控目标纳入国民经济和社会发展年度计划，打表推进。先后印发实施《固定资产投资项目节能审查实施办法》《重庆市区域节能评价审查管理暂行办法》等制度办法，从源头上控制能耗合理增长。

积极探索能耗平衡制度，研究出台《重庆市固定资产投资项目能源消费平衡方案编制指南（试行）》，对年综合能源消费量5000吨标准煤以上、节能评估报告结论为"较大影响"及以上的固定资产投资项目，要求做好能耗总量和强度平衡，从源头控制"两高"项目盲目发展。

在健全监督检查制度方面，重庆修订施行《重庆市节约能源条例》，制

定出台《重庆市地方标准管理办法》，“十三五”期间共批准发布16项节能地方标准和2类节能监测方法，对项目节能审查意见落实情况进行事中事后监管。

4. 大力推动战略性新兴产业和高技术产业发展

全市第三产业增加值占地区生产总值的比重在2016年达到50%以上；2018年以来，重庆规模以上工业六大高耗能行业能耗占全市规模以上工业能耗比重呈逐步下降趋势。

（四）全面推进绿色建筑发展

“十三五”期间，重庆市全面推进绿色建筑发展，圆满完成了“十三五”期间绿色建筑的各项工作目标和任务。

1. 绿色建筑标准全面实施

遵循“适用、经济、绿色、美观”的建筑方针，构建了单体建筑、住宅小区、生态城区三大绿色发展体系，逐步实现建筑节能向绿色建筑的跨越式发展。按照强制与激励相结合的工作方式，进一步扩大绿色建筑标准执行范围，逐步实现全市城镇规划区内新建民用建筑执行绿色建筑标准全覆盖。截至2020年末，新建城镇建筑设计阶段执行绿色建筑标准的比例达到95.61%，竣工阶段绿色建筑比例达到57.24%，超额完成全市绿色建筑“十三五”规划及国家明确的工作目标。

2. 绿色建筑品质逐步提升

大力发展高星级绿色建筑和绿色生态住宅小区，推动全市政府投资或以政府投资为主的新建公共建筑、社会投资建筑面积2万平方米及以上的大型公共建筑执行二星级及以上的绿色建筑标准。“十三五”期间，组织实施了以江北国际机场T3A航站楼为代表的高星级绿色建筑1730.72万平方米、绿色生态住宅小区5695.15万平方米，培育了西南地区首个近零能耗示范建筑——悦来生态海绵城市展示中心等一批基于整体解决方案的超低能耗或近零能耗示范项目，推动悦来生态城创建国家首批绿色生态城区。截至2020年末，累计组织实施高星级绿色建筑2441.35万平方米、绿色生态住宅小区10642.77万平方米。

3. 新建建筑能效水平显著提升

严格落实新建城镇建筑从设计、施工到交付使用全过程的闭合管理机制，率先在夏热冬冷地区执行更高要求的节能 65% 标准，全市城镇新建民用建筑节能强制性标准执行率达到 100%。“十三五”期间，建成节能建筑约 2.61 亿平方米。截至 2020 年末，累计建成节能建筑约 6.79 亿平方米。

4. 可再生能源建筑应用规模不断扩大

以水空调为重点，率先在全国采用区域能源系统特许经营权的方式集中连片地推动可再生能源建筑规模化应用，形成了江北嘴 CBD、弹子石 CBD、水土工业园区 3 大集中应用示范片区。其中，江北嘴 CBD 项目已成为全国最具影响力和最大的江水源热泵区域集中供冷供热项目，与常规系统相比，年节能 2.2 万吨标准煤、节水 198 万立方米、减少二氧化碳排放近 6 万吨，且在区域降噪、设备节地、消除热岛效应、减排主要污染物等方面效果显著。“十三五”期间，全市新增可再生能源建筑应用面积 574.52 万平方米。截至 2020 年末，全市可再生能源建筑应用面积突破 1500 万平方米。

5. 既有公共建筑节能改造稳步推进

率先在全国创新建立了运用合同能源管理模式推动公共建筑节能改造的市场机制，完成了第二批国家公共建筑节能改造重点城市验收，以能耗水平高、改造效益明显、与公众利益息息相关的学校、医院、商场和机关办公建筑为重点，打造了陆军军医大学、西南医院、重庆市中医院、重百新世纪商场、重庆市公安局办公大楼等一批典型节能改造示范工程，引导社会资金投入近 8 亿元。推动公共建筑节能改造向绿色化改造转变，并结合老旧小区改造同步推动既有居住建筑节能改造。

“十三五”期间，完成公共建筑节能改造 679 万平方米，实现改造项目单位面积能耗下降 20% 以上的目标，且显著改善了建筑室内环境品质，使用单位满意率达 98% 以上。截至 2020 年末，累计完成公共建筑节能改造 1174 万平方米，年节电 1.2 亿度、减排二氧化碳 12 万吨、节约能源费用 1 亿元。

6. 绿色建筑技术和推广应用机制不断完善

优化调整建筑节能技术使用管理制度，严格落实绿色建筑的技术、材料、设备和工艺的进场验收制度，实施质量抽查制度和建设主体各方质量责任制度，切实加强绿色建筑技术使用质量事中事后监管，确保绿色建筑工程实施质量。创新绿色建材应用机制，将绿色建材应用要求纳入绿色建筑相关标准，并作为建筑能效（绿色建筑）测评重点核查内容，率先在星级绿色建筑、绿色生态小区评价项目中落实绿色建材应用比例核算与应用情况评估制度，绿色建材应用比例逐步达到60%。在全市建设领域禁止、限制使用落后技术通告中累计对绿色建筑相关的66项落后技术、工艺和产品做出了限制或禁止使用要求，大幅度提高重庆市建筑节能门窗的保温性能限值到2.8W/(m^2·K)，促进全市建筑能效的提升和居住品质的提高。

7. 绿色建材产业支撑能力不断增强

强化绿色建材产品的技术创新，不断丰富外墙自保温砌块的种类和保温应用技术体系，采取强制和引导相结合的方式推广墙体自保温技术，大力发展烧结页岩空心砌块、蒸压加气混凝土砌块、混凝土空心砌块等具有地方特色的新型绿色墙材。将发展绿色建筑与推动建材产业转型升级相结合，率先在全国创新建立了绿色建材评价标识制度，形成了管理、标准、服务和应用四大支撑体系，截至2020年末，共计94个建材产品获得绿色建材评价标识。培育了重庆金阿新型节能墙材、重庆德邦防水保温等45家在全国具有影响力的绿色建材产业化示范基地，推动全新型墙材、预拌砂浆、节能门窗、保温隔热材料、防水材料、建筑涂料、建筑遮阳等绿色建材产业由弱到强并逐步壮大。全市现有绿色节能建材企业800余家，近3年取得研发成果1200余项，获得专利近800项，形成了年产值约400亿元的产业集群，既为绿色建筑发展提供了有力支撑，又引导传统建材产业实现了升级换代和绿色可持续发展，逐步成为促进地方经济发展新的增长点。

8. 政策标准体系不断完善

市住房城乡建委会同市发改委、市经信委等十部门联合印发了《重庆市绿色建筑创建行动实施方案》，完善绿色建筑评价管理机制。修订了《重庆市建筑能效（绿色建筑）测评与标识管理办法》，优化了建筑能效（绿色建筑）测评内容。按照经济、适用、安全、可靠、稳定的原则，着力优化完善以“隔热、通风、除湿、采光、遮阳”为主导的绿色建筑技术路线。“十三五”期间，编制修订发布了38项与绿色建筑相关的地方标准和图集，形成了绿色建筑的设计、施工、验收及评价全过程配套齐全的技术标准体系。

（五）坚持发展绿色生态农业

重庆市坚持发展绿色生态农业，持续推进农药化肥减量，推进秸秆、农膜、畜禽养殖废弃物的资源化利用；加强乡村生态系统的保护与修复，发展节水农业，加强耕地土壤污染管控与修复，加强农业生物多样性保护，大力实施乡村绿化，推进农村石漠化、采煤沉陷区、三峡库区消落带综合治理。发挥地票、林票功能，盘活乡村生态资源，促进生态资源价值实现。

1. 粮食作物实现稳产丰产

2016年以来，全市常年粮食播种面积保持在3000万亩左右，粮食总产量连续保持在1000万吨以上，其中2020年粮食播种面积达到3004.5万亩、粮食总产量1081万吨。

2. 油料作物不断扩面增效

在全国油菜面积、产量持续下降的背景下，全市油菜面积、单产、总产实现稳定增长。种植面积从2015年363.69万亩提升到2020年的387.4万亩，单产从2015年128.48公斤/亩提升到2020年的132.6公斤/亩，总产量从2015年46.7万吨提升到2020年的51.4万吨。带动全市2020年油料面积达到500.8万亩，总产量达到67.07万吨。

3. 特色粮油加速推进

坚持市场导向和绿色发展，优化品种结构，推进优质稻、糯玉米、菜用和加工薯类等特色粮油发展。特色粮油每年新增100万亩以上，2020年达到1563万亩，其中：优质稻种植面积600万亩，同比增50万亩，增9.1%；优质油菜面积314.8万亩，新增24.8万亩，增4.6%。鲜食和高淀粉马铃薯、甘薯，鲜食玉米，高蛋白大豆，菜用胡豌豆等特色杂粮加快发展。

4. 绿色生产持续推进

化肥农药减量增效行动成效明显，2016、2017、2018、2019、2020年全市化肥施用总量分别为96.2、95.5、93.2、91.1、89.83万吨，2017年以来年度降幅分别为0.7%、2.4%、2.3%、1.3%。2016、2017、2018、2019、2020年全市农药使用量分别是1.76、1.75、1.72、1.65、1.62万吨，2017年以来的年度降幅分别为0.6%、1.7%、4.1%、1.9%。

5. 防灾减灾能力持续增强

农作物有害生物为害得到有效控制。全市农作物病虫草鼠螺害防控面积达 8826.49 万亩（次），占发生面积的 94.50%，全年主要粮食作物病虫为害损失率控制在 5% 以内，已有植物疫情危害损失控制在 3% 以内。农业有害生物监测预警网络得到健全完善。建立各类病虫监测站点 208 个，草地贪夜蛾性诱剂监测点 56275 个，高空测报灯 65 台。农作物病虫害长、中、短期预测预报准确率分别达到 85%、90%、95%，马铃薯晚疫病的预警准确率达到 97% 以上。全市各种专业化统防统治服务组织 2085 个，全市机动或电动植保器械数量达到 2.94 万台（套），日防控能力达到 90 万亩，水稻、小麦、玉米三大粮食作物专业化统防统治实施面积达到 1221.92 万亩（次）。

6. 科技支撑水平不断提升

示范推广“Q 优”“渝优”系列等优质稻、“庆油”“渝油”系列等双低油菜、鲜食玉米、特色杂粮等高产高效品种，大面积集成推广“稻油全程机械化轮作”“油蔬两用”等优质高效配套技术，轻简化、机械化技术不断完善。2020 年粮食单产达 359.9 公斤 / 亩，创历史新高。

（六）高质量推进国土绿化提质增效

重庆是长江上游生态屏障的最后一道关口，近年来，重庆市坚持生态优先、绿色发展。自 2020 年起，启动“两岸青山 · 千里林带”规划建设，拟用 10 年时间完成营造林 315 万亩，着力解决长江等大江大河重庆段两岸水土流失难治理、造林绿化水平低、城乡生态修复困难多、生态屏障功能仍然脆弱等突出问题。

市林业厅提出将着力实施营造林生产任务 500 万亩、‘两岸青山 · 千里林带’建设 50 万亩。同时还将继续推进林长制、自然保护地体系建设、森林资源保护管理等各项工作。探索推行“网格护林员”“民间林长”“山林警长”“山林检察长”等做法，加强与林长、河长、云长等联动协同，共同推动形成全民共建、共治、共享的林长制工作格局。持续巩固提升缙云山生态环境综合整治成果，举一反三，对自然保护区、森林公园、湿地公园、地质公园、风景名胜区等自然保护地中存在的重点难点问题加大整改力度。发展壮大一批特色经济林基地、森林康养基地、林业龙头企业等，让林业产业成为富民惠民的重要载体。进一步筑牢长江上游重要生态屏障，扮靓山清水秀美丽之地。

二、绿色生活成为风尚

重庆垃圾分类已见成效。回收快递纸箱能换鸡蛋，垃圾分类能攒积分换日用品等激励和引导方式得当，重庆市民参与垃圾分类更加积极。重庆垃圾分类工作连续多个季度保持西部第一。

2021 年，重庆出台了《关于加快推进快递包装绿色转型的实施意见》和塑料污染治理年度工作要点，并印发七大重点领域绿色生活创建行动方案。

第三章 重庆市绿色发展生态环境约束

第一节 主体功能区划空间管控

中国共产党重庆市第四届委员会第三次全体会议通过《中共重庆市委、重庆市人民政府关于科学划分功能区域、加快建设五大功能区的意见》，重庆市功能区域划分和行政体制改革工作综合考虑人口、资源、环境、经济、社会、文化等因素，重庆被划分为都市功能核心区、都市功能拓展区、城市发展新区、渝东北生态涵养发展区、渝东南生态保护发展区五个功能区域。

一、科学划分功能区域、加快建设五大功能区

为全面贯彻落实党的十八大和习近平总书记系列重要讲话精神、市第四次党代会精神，加强对区县推动“五位一体”总体布局的指导，努力完成“科学发展、富民兴渝”总任务，在西部率先实现全面建成小康社会目标，提出科学划分功能区域、加快建设五大功能区的意见。

（一）科学划分功能区域的重大战略意义

科学划分功能区域，推进形成五大功能区，明确区县功能定位，是立足重庆“直辖体制、省域面积，城乡区域差异大”的特殊市情，在坚持深化、细化“一圈两翼”区域发展战略基础上，针对当前存在的突出矛盾和问题，根据新的形势和要求，做出的事关长远和全局的重大决策。

一是深入贯彻科学发展观，全面落实“314”总体部署的需要。统筹城乡区域协调发展，始终是重庆科学发展必须破解的重大命题。科学划分功能区域，有利于深入推进统筹城乡综合配套改革试验区建设，打破城乡分割的二元结构，实现区域互动、优势互补、协调发展；有利于突出建设西部地区

重要增长极、长江上游地区经济中心的重点开发区域，突出解决“两翼”地区面临的重点和难点问题，分类指导、区别对待，抓住主要矛盾、破解关键难题，在西部率先实现全面建成小康社会目标。

二是体现国家区域发展战略布局，加快打造成渝经济区和国家中心城市的需要。确立成渝经济区和重庆国家中心城市，是全国区域发展总体战略的布局要求。科学划分功能区域，有利于把城市发展新区打造成重要的先进制造业基地、重要的城市群，推动成渝经济区联动发展；有利于优化强化重庆主城集聚辐射功能，科学规划、整体打造重庆国家中心城市，提升国家中心城市和成渝经济区的辐射带动作用，在服务西部大开发中发挥更重要的作用，实现国家区域发展战略意图。

三是充分发挥直辖市体制优势，既保障重点开发功能区建设又兼顾生态保护区发展的需要。“直辖体制、省域面积”既是重庆特殊市情，也是发展的独特优势。科学划分功能区域，有利于在加快中心城区发展的同时，一体规划建设周边区域，保障大都市区的扩展空间；有利于加快建设城乡统筹发展的直辖市，推动公共资源向生态、农业地区倾斜，促进各个功能区发展相得益彰。

四是坚持主体功能区规划理念，促进资源配置最优化和整体功能最大化的需要。坚持主体功能区规划理念，是转变发展方式的重要内容。科学划分功能区域，有利于自觉遵循经济社会发展规律和自然规律，形成主体功能明确、发展布局合理、实践路径科学的体制机制，构建高效、协调、规范、可持续的国土空间开发格局，实现重庆市资源配置最优化和整体功能最大化。

五是充分激发区县发展活力，推动区县科学发展、特色发展、加快发展的需要。做大、做强、做优县域经济，始终是重庆整体实力提升与和谐社会建设的重要基石。科学划分功能区域，有利于各区县科学把握当地的发展基础与资源环境承载能力，充分挖掘比较优势，找准定位，明确目标，突出重点，扬长避短，差异发展，走符合自身特点的科学发展道路。

（二）指导思想和基本原则

指导思想：以邓小平理论、“三个代表”重要思想、科学发展观为指导，深入贯彻党的十八大和习近平总书记系列重要讲话精神，全面落实“314”

总体部署，坚持“五位一体”整体推进，坚持“一统三化两转变”战略，坚持“一圈两翼”发展大格局，坚持主体功能区规划理念，按照重庆市整体功能最大化、人口资源环境相均衡、经济社会生态效益相统一的要求，科学划分功能区域，优化重庆市人口、产业与城镇发展布局，推进形成五大功能区，明确区县功能定位，充分发挥区县比较优势，最大限度激发区县科学发展活力和创造力，为建设城乡统筹发展的直辖市和美丽山水城市，在西部率先全面建成小康社会提供坚实保障。

基本原则：一是坚持“重庆市一盘棋”方针。强化“一圈”，将“一圈”细分为都市功能核心区、都市功能拓展区、城市发展新区，这是国家中心城市的功能载体；突出“两翼”，将渝东北、渝东南地区主体功能定位为生态涵养发展区和生态保护发展区，这是国家政策支持的重点对象，也是重庆全面建成小康社会的重点和难点。统筹城乡区域协调发展与重点开发区域建设相结合，引导形成主体功能明确、板块有机联动、资源配置优化、整体效能提升的区域发展格局。

二是坚持突出抓好首要任务。明确五大功能区及所在区县首要任务。“一圈”首要任务是集聚人口和经济，提供工业品和服务产品，提供财政税源，兼有保护好农业空间、生态空间的任务。“两翼”首要任务是加强生态涵养与保护，提供农产品和生态产品，要坚持“面上保护、点上开发”，因地制宜发展特色产业；关键是调整发展路径、转变发展方式，走绿色、低碳、循环发展的路子，在发展中加强生态涵养与保护，在生态涵养与保护中加快发展。

三是坚持实施分类指导。推动区县分工协作、有序竞争、携手共进，鼓励区县围绕各自主体功能定位积极探索、改革创新、开拓奋进，强化政策和考评的分类指引，解决区县产业同质、竞争无序、考评趋同等问题，促进区县科学发展、特色发展、差异发展。

四是坚持科学配置资源要素。按照“产业跟着功能定位走、人口跟着产业走、建设用地跟着人口和产业走”的原则，将城镇规划、产业布局和人口分布有机结合起来，促进城镇建设、产业发展、人口梯次转移、要素配置和公共服务相互协调。科学配置要素资源与公共资源，市场要素资源按照效率配置，要素充分流动，资源集约节约、高效利用；公共资源按照区县主体功能配置，向生态功能区和农产品主产区倾斜，创造公平发展机会。

五是坚持区域合作共进。以改革添动力，以开放促开发。积极发挥直辖市及国家中心城市在中西部地区的重要作用，统筹协调功能区内部发展与周边联动的关系。扩大内外开放，大力建设内陆开放高地，深化与四川、贵州、湖南、湖北、陕西等周边省市合作，加强与长三角、珠三角、环渤海等经济圈的合作，提升重庆市整体竞争力和对外开放水平。

（三）重点方向和主要任务

"314"总体部署、国务院"3号文件"、《重庆市城乡总体规划（2007—2020）》（2011年修订）及市第四次党代会，明确了重庆的发展定位、城市性质、战略目标和重点任务。围绕党中央、国务院和市第四次党代会的要求，根据资源环境承载力、发展现状和未来发展方向，按照"核心优化、圈层拓展、两翼提升、生态文明"的路线图，着力优化提升老城区，不断完善国家中心城市的都市核心功能，并向主城二环区域和主城外"一圈"区域拓展都市功能；大力支持"两翼"地区特色发展，增强生态涵养与生态保护功能；大力发展绿色经济、低碳经济、循环经济，充分利用山河、森林、田园等自然禀赋功能，全域彰显生态文明建设理念。

都市功能核心区。包括渝中区全域和大渡口区、江北区、沙坪坝区、九龙坡区、南岸区等处于内环以内的区域。该区域集中体现重庆作为国家中心城市的政治经济、历史文化、金融创新、现代服务业中心功能，集中展现重庆历史文化名城、美丽山水城市、智慧城市和现代化大都市风貌，是高端要素集聚、辐射作用强大、具有全国性影响的大都市中心区。

主要任务：完善城市功能，优化产业结构，提升现代都市形象，精细化城市管理，适当疏解人口，保护生态环境。一是重点打造解放碑—江北嘴—弹子石中央商务区，建设总部经济和要素交易集聚区，着力发展金融服务、高端商务、精品商贸、中介咨询、文化创意等现代服务业，服务重庆市和西部地区。二是升级改造大坪、观音桥、南坪、三峡广场、杨家坪、九宫庙等商圈，建设商业集聚中心，优化商业环境，发展新型商业业态，建设电子商务信息平台，打造长江上游地区的消费时尚中心。三是统筹推进城市空间优化和风貌改造，加快老工业区功能与形象再造，保护和开发历史文化遗迹，提高社会事业服务质量，改善老城区人居环境，向外疏散过密的城市人口。四是提升城市规划、建设、管理的现代化水平，强化规划引领，优化城市功能布局，建设智慧城区与和谐社区，推进城市运转更高效、更便捷、更宜人，提高安全和应急保障水平。五是凸显得天独厚的山城、江城、绿城风貌特色，充分利用和保护好鹅岭、南山等绿色山脊天然生态屏障及长江、嘉陵江等水域生态廊道，打造两江四岸滨水景观，展现美丽山水城市独特风貌，发展都市旅游业。

都市功能拓展区。包括大渡口区、江北区、沙坪坝区、九龙坡区、南岸区处于内环以外的区域以及北碚区、渝北区、巴南区全域。该区域集中体现国家中心城市的经济辐射力和服务影响力，是重庆市科教中心、物流中心、综合枢纽、对外开放的重要门户、先进制造业集聚区、主城生态屏障区、城市新增人口的宜居区。

主要任务：有序拓展城市空间，组团式规划布局，产城融合发展，培育提升开放门户、科教中心、综合枢纽、商贸物流等国家中心城市功能，保护好与都市功能核心区和城市发展新区之间过渡带的生态环境，建成资源集约节约利用和生态环境友好的现代化大都市。一是加快两江新区开发开放，围绕“五大定位”，打造万亿级先进制造业集群、国家级云计算中心和结算中心、国家级研发总部和重大科研成果转化基地，建设内陆服务贸易、保税贸易和跨境融资等创新试验区。积极发展航空及临空产业经济、口岸经济、会展经济，建设高品质生态宜居新城区。二是依托重庆高新区、西永综合保税区和大学城，统筹规划和加快开发主城西部片区，打造电子信息产业集群和内陆枢纽型口岸，建设长江上游地区的科教文化中心、高技术产业基地和宜居宜业新城区。三是依托重庆经开区、公路物流基地等，统筹规划和加快开发主城南部片区，大力发展高端装备制造、现代通信设备、物联网和现代物流等产业集群，建设宜居宜业新城区。四是加快建设大型人口聚集区，统筹人口、产业、交通、市政配套和公共服务，一体规划、同步发展、精细管理，着力提升公共交通能力与水平，提高信息化服务水平与覆盖面。在二环附近布局建设大型批发市场、物流园区和物流场站，加快发展城市物流配送。五是大力保护并用好“四山”生态屏障和水域生态廊道，维护城市绿色生态空间，积极发展都市现代农业和休闲旅游业。

城市发展新区。包括涪陵区、长寿区、江津区、合川区、永川区、南川区、綦江区、大足区、潼南县、铜梁县、荣昌县、璧山县等12区县及万盛、双桥经开区。该区域地处成渝城市群的连绵带，是重庆市工业化、城镇化的主战场，集.聚新增产业和人口的重要区域，重庆市重要的制造业基地，工业化、信息化、城镇化和农业现代化同步发展示范区及川渝、渝黔区域合作共赢先行区。

主要任务：坚持“四化”同步发展，城乡统筹先行，充分利用山脉、河流、农田形成的自然分割和生态屏障条件，建设组团式、网络化、人与自然和谐共生的大产业集聚区和现代山水田园城市。一是把发展工业经济作为首要任务，大力发展支柱型、战略性产业，培育产业链条完善、规模效应明显、核心竞争力突出、支撑作用强大的若干百亿级乃至千亿级特色产业集群。加快布局石油天然气化工、装备制造、机器人、新型材料、生物医药、新能源、城市矿产、节能环保等重大产业项目。依托国家级长寿经开区、涪陵工业园区，打造重化工为主导的综合产业基地；依托双桥经开区、永川、江津、璧山、大足、荣昌等工业园区，打造装备制造、电子信息为主导的先进制造业集群；依托合川、铜梁、潼南工业园区，打造机械加工、轻纺食品为主导的特色产业集群；对因资源枯竭导致阶段性困难的万盛经开区、綦江、南川等南部板块，加大产业转型扶持力度，着力打造环境友好型材料产业和城郊休闲旅游业等。二是推动璧山区青杠—璧城片区、江津区几江—双福片区、合川区合阳—草街片区等区域在规划建设管理方面与都市功能拓展区有机衔接，密切与都市功能核心区和拓展区之间的交通连接，引导这些区域更多地参与主城产业分工和功能分担。三是加快新型城镇化的建设，坚持城镇发展与产业发展并重并举，按照卫星城的理念，建设大中小并举、产城融合发展、绿色低碳环保的组团式城市群。加快将涪陵、永川建设成为大城市，发挥其在城市发展新区中的战略支点作用。有序拓展其他区县城城市规模，完善城市功能，提升城市品质，强化城市管理。四是大力发展城郊特色效益农业，科学保护耕地，建设优质粮油基地和主城菜篮子基地。提高农业科技水平和机械化率。发展农产品精深加工，完善农产品市场体系和质量安全体系，实现专业化、规模化、集约化发展。增强潼南国家农产品主产县农业综合生产能力。五是统筹基础设施建设，按照同城化发展要求，通过新型轨道交通和市郊铁路，构建内部顺畅、外部通达、集约高效、无缝换乘的网络化综合交通体系。加强供排水、输配电、燃气管网等建设，实现城乡骨干基础设施的顺畅有机衔接。六是加强与周边区域的合作发展，充分发挥地处川渝、渝黔战略腹地的区位优势，大力推进成渝城市群、产业带的合作共建，努力打造川渝和渝黔区域合作共赢先行区。七是加大山脉、河流等保护力度，大力推进节能减排，发展循环经济。一体化治理城乡居民生活污染，防治农村面源污染。

渝东北生态涵养发展区。包括万州区、城口县、丰都县、垫江县、忠县、开县、云阳县、奉节县、巫山县、巫溪县等11区县。该区域地处三峡库区、秦巴山连片特困地区，是国家重点生态功能区和农产品主产区，长江流域重要生态屏障和长江上游特色经济走廊，长江三峡国际黄金旅游带和特色资源加工基地。

主要任务：把生态文明建设放在更加突出的地位，加快经济社会发展与保护生态环境并重，三峡库区后续发展与连片特困地区扶贫开发并举，着力引导人口相对聚集和超载人口梯度转移，着力涵养保护好三峡库区的青山绿水，实现库区人民安稳致富，建设天蓝、地绿、水净的美好家园。一是把万州作为重点开发区加快建设。完善城市功能，提升城市品质，依托国家级万州经开区，发展特色产业集群，承接周边地区人口转移，建成重庆第二大城市、三峡库区经济中心，带动形成万（州）开（县）云（阳）特色产业板块。二是增强丰都县、垫江县、忠县、开县等国家农产品主产县农业综合生产能力，推进县城及市级特色工业园区开发，构建农产品特色经济板块。三是增强城口县、云阳县、奉节县、巫山县、巫溪县等国家重点生态功能县生态产品供给能力，因地制宜发展资源环境可承载的特色产业，构建特色旅游经济带。四是根据资源环境承载能力，培育壮大有资源依托、环保水平高、吸纳就业多的特色优势产业，重点发展特色资源加工、机械加工、轻纺食品、生物医药、清洁能源、商贸物流等。严格控制并逐步淘汰落后产业。大力发展特色效益农业。大力发展生态旅游、人文旅游，加快建成长江三峡国际黄金旅游带，把旅游业打造成为支柱产业。五是增强基础设施和公共服务设施支撑能力。改善生产生活条件，不断提高库区基本公共服务水平。加快新农村建设。六是加快连片特困地区的扶贫开发，建设秦巴山片区扶贫开发示范区，实施高山生态扶贫搬迁，加强三峡后续工作规划的实施。七是突出三峡库区水源涵养、水土保持、维护生物多样性、提供生态产品功能，加强地质灾害防治，加强石漠化、水土流失、消落带和农村面源污染治理。八是调整人口布局，推进农村人口有序就近向县城、万州区集聚，重点引导区域内超载人口向都市功能拓展区和城市发展新区转移。

渝东南生态保护发展区。包括黔江区、武隆县、石柱县、秀山县、酉阳县、彭水县 6 区县（自治县）。该区域地处武陵山连片特困地区，是国家重点生态功能区、重要生物多样性保护区、武陵山绿色经济发展高地、重要生态屏障、民俗文化生态旅游带、扶贫开发示范区、重庆市少数民族集聚区。

主要任务：突出保护生态的首要任务，加快经济社会发展与保护生态环境并重，加强扶贫开发与促进民族地区发展相结合，引导人口相对聚集和超载人口有序梯度转移，建设生产空间集约高效、生活空间宜居宜业、生态空间山清水秀的美好家园。一是把黔江作为重点开发区加快建设，按中等城市规模完善功能配套，依托正阳工业园区发展适宜产业，承接周边地区人口转移，建成渝东南中心城市和武陵山区重要经济中心。二是增强武隆、石柱、秀山、酉阳、彭水等国家重点生态功能县生态产品供给能力，突出修复生态、保护环境、维护生物多样性、提供生态产品功能，加强地质灾害防治，加强石漠化和农村面源污染治理。三是发展环境友好型特色产业。发展特色资源加工、清洁能源（页岩气）开发及利用、轻纺食品、生物医药和商贸物流等。建设高效生态农业示范区和特色农业基地。四是大力发展民俗文化生态旅游业，打造大仙女山国家级旅游度假区，构建具有自然奇观与民俗文化的特色旅游经济环线，促进生态农业与旅游业的延伸融合，将旅游业打造成为支柱产业，积极培育旅游经济强区（县）。五是加强基础设施和公共服务设施建设，大力改善生产生活条件，着力提高基本公共服务水平。加快新农村建设。六是建设武陵山扶贫开发示范区，大力实施高山生态扶贫搬迁。七是调整人口布局，推进农村人口有序就近向县城、黔江区集聚，重点引导区域内超载人口向都市功能拓展区和城市发展新区转移。

科学划分功能区域，明确区县功能定位，是市委、市政府深入贯彻落实科学发展观的战略决策。各区县都肩负不同的发展责任，发展任务艰巨。各区县要按照主体功能定位的要求，统筹兼顾，科学规划，发挥比较优势，突出发展重点，彰显发展特色，努力实现全面、协调和可持续的发展。

（四）统筹构建支撑体系

充分发挥直辖市的体制优势，强化人口、产业、城市功能、基础设施、公共服务设施等方面的科学规划与合理布局，加快推进五大功能区基础设施建设和基本公共服务均等化，促进区域协调发展，让重庆市人民共享推进五大功能区建设带来的福祉。

优化产业区域布局。研究制定五大功能区产业指导目录，进一步明确不同功能区鼓励、限制和禁止的产业。都市功能核心区重点发展高端综合服务业和文化产业。都市功能拓展区重点发展龙头带动型先进制造业、高技术产业和现代物流业。城市发展新区重点是建设重要的制造业基地和重庆市主导产业的配套产业基地。渝东北生态涵养发展区、渝东南生态保护发展区重点发展资源环境可承载的特色产业。

促进人口合理分布。深化户籍制度改革，完善人口配套政策，引导人口有序转移，促进人口分布与产业布局、资源环境相协调。都市功能核心区要适当疏解人口，都市功能拓展区要合理控制落户规模和节奏，都市功能核心区和都市功能拓展区常住人口不超过1200万人。城市发展新区实施积极的人口迁入政策，放宽落户条件，鼓励有条件的农民工实现举家迁移，常住人口达到1200万人左右。渝东北生态涵养发展区、渝东南生态保护发展区要实施积极的人口迁出政策，增强劳动力跨区域转移就业能力，引导超载人口向所在地县城、万州、黔江、都市功能拓展区和城市发展新区梯度转移，常住人口减少到900万人左右。

加快基础设施建设。加大枢纽型、功能性基础设施建设力度，推进交通、能源、水利、环保、信息等基础设施的一体化布局，促进功能区之间网络互通和功能互补。以江北机场为重点，加快推进市内民用机场建设，形成机场群。强化高速公路和铁路主要支撑作用，加快功能区之间的交通干道和万州、黔江、涪陵、永川等区域综合交通枢纽建设，加快秦巴山区、武陵山区出口通道建设，基本实现“县县通高速”和绝大部分区县通铁路。提高长江黄金水道及其重要支流综合航运能力。优先发展公共交通，以城市轨道交通网、城市道路网和换乘枢纽站为支撑，加快推进重大交通基础设施向都市功能拓展区延伸。在城市发展新区建设新型轨道交通和市郊铁路，密切卫星城与主城的联系与畅达。加强“两翼”地区农村公路建设，实现“村村通公路”。推进“千万千瓦”电源项目和智能电网建设，科学规划建设“两翼”地区小水电。推进天然气输气管道网和供气设施建设，实现区县城天然气供给全覆盖。重点解决城市发展新区和“两翼”地区工程性缺水和饮水不安全等问题。加快完善城镇地下管网，增强城镇污水及垃圾无害化处理能力。实现城乡信息基础设施全覆盖，建设重庆市统一互通的电子政务和公共服务网络平台。

强化财税金融政策扶持。完善财力与事权更加匹配的财政体制，优化分类扶持的财政转移支付体系。在巩固完善三峡库区、少数民族地区、贫困地区、“圈翼”帮扶等扶持政策的基础上，建立完善生态补偿机制，进一步优化财力分配格局，加大转移支付力度，“多予不取”支持渝东北生态涵养发展区、渝东南生态保护发展区。建立产业发展专项资金，支持城市发展新区、万州和黔江产业集聚。调整市与主城九区城市管理的财力与事权关系。大力支持银行及非银行金融机构入驻“两翼”地区。采取项目引导与政策扶持方式，鼓励各类金融机构将在“两翼”地区吸纳的金融资源用于当地经济社会发展和生态环境保护。

推进基本公共服务均等化。按照“资源配置更优化、事业发展更均衡、接受服务更方便”的原则，研究完善重庆市统一的基本公共服务设施配置标准，促进基本公共服务设施布局、供给规模与人口分布相适应。推进市级优质教育、医疗资源向城市发展新区扩散，加强万州、黔江、涪陵、永川等区域性教育、医疗、应急中心建设。以“两翼”贫困地区为重点，促进义务教育均衡发展，推行中职免费教育，着力提高主要劳动年龄人口平均受教育年限；促进医疗机构提档升级，确保各县拥有一所二甲以上医疗机构，实现乡镇卫生院、社区卫生服务中心标准化全覆盖。合理布局和建设文化设施，促进公共文化服务逐步向基层延伸倾斜，推进区县城文化体育场馆建设，实现社区和行政村文化活动中心、全民健身设施全覆盖。推进各类社会保险的全覆盖和重庆市统筹，逐步提高全社会保障能力和水平。加强城乡公共服务平台设施建设，实现城市社区服务站、村级公共服务中心全覆盖，增强城乡社区服务功能。

（五）保障机制

一是加强组织领导和统筹协调。市委每年定期听取工作汇报，市政府每年定期召开专题会，研究解决功能区建设中的重大问题。制定推进五大功能区建设的实施方案，将各项任务和目标要求分解到区县政府与市级部门。各牵头部门和单位要明确责任领导、责任人与进度要求，切实抓好各项工作落实。市委督查室、市政府督查室和市级相关部门要加强跟踪，做好督促检查工作，及时向市委、市政府报告有关重大问题。

二是强化规划引导与一体推进。市及区县在制定经济社会发展规划、主体功能区规划、城乡规划、土地利用规划、环保规划以及各种专项规划时，要充分体现五大功能区的要求，从规划上保障功能定位导向目标的实现。正确处理政府与市场的关系，要充分发挥政府宏观调控职能和市场配置资源的基础性作用，综合运用规划、土地、投资、信贷等手段，引导资源和市场主体按照区县功能定位的方向流动和聚集，推动城乡区域协调发展。

三是建立导向明确的考核机制。按照五大功能区发展定位，建立科学的、差异化的区县经济社会发展实绩考核指标体系，突出导向性，将“科学发展、富民兴渝”的实效作为衡量各区县工作的重要标准。对都市功能核心区、都市功能拓展区和城市发展新区等重点开发区域，要加强经济发展贡献度的考核，提高经济发展类考核指标权重；对渝东北生态涵养发展区和渝东南生态保护发展区，要大幅降低经济增长贡献度考核和指标权重，提高对生态环境保护、农业和旅游发展类指标考核权重。

四是营造建设功能区的良好环境。大力推进依法治市，把功能区建设纳入法治化、制度化轨道。深入开展党的群众路线教育实践活动，坚持执政为民，使功能区建设切合重庆实际、符合群众意愿，经得起实践、人民和历史的检验。加强人才队伍建设，培养造就推进功能区建设的优秀人才队伍。加大舆论引导力度，在全社会达成广泛共识，群策群力，共建共享，形成共同推进功能区建设的强大合力。

五是科学划分功能区域，建设五大功能区，明确区县功能定位，意义重大，任务艰巨。重庆市各级各部门要紧密团结在以习近平同志为总书记为核心的党中央周围，把思想认识统一到党的十八大精神、习近平总书记系列重要讲话精神和市第四次党代会、市委四届三次全会精神上来，按照功能定位的要求，理清发展思路，突出发展特色，低调务实、少说多干，勇于担当、积极作为，为完成“314”总体部署，推动“科学发展、富民兴渝”，全面建成小康社会和实现中华民族伟大复兴的中国梦而努力奋斗。

二、五大功能区规划总图

重庆是我国人口最多、面积最大的直辖市，具有中等省的规模，区域间、城乡间自然条件、资源禀赋、发展现状和发展潜力等差异很大。回顾重庆区域经济发展，从直辖至今，重庆区域发展战略经历了“三大经济区”“三大经济区、四大板块”“一圈两翼”“五大功能区”四个阶段。

“三大经济区”区域发展战略。从1997年直辖至“十五”初期，是重庆对“单列市的体制、直辖市的牌子、中等省的架构”形势的适应期和过渡期，也是深刻了解市情、发现问题、寻找问题突破口的积蓄期。经过几年的探索，2001年，重庆按照本市各地区的自然及经济地理特征和经济社会发展现状，遵循劳动地域分工和区域经济发展的客观规律，划分都市经济圈、渝西经济走廊和三峡库区三大经济区，按照分类指导的原则促进发展，这是破解重庆大城市与大农村并存、区域发展极不平衡以及移民问题、民族问题和生态环境脆弱等突出问题的现实体现。同时，中央设立重庆直辖市，期望通过长江上游经济中心的建设带动和辐射周边和西部地区，这一战略意图客观要求重庆构建长江上游经济中心的核心区和承载主体。

2001年，重庆市将三峡库区和与之具有很强相似性的武陵山区、大巴山区统称为三峡库区生态经济区，也称库区生态区，涉及19个区县（自治县），占重庆市总面积的70.5%。三峡库区生态经济区，处于水陆交通要道，自然资源富集，拥有独特的移民、扶贫和少数民族地区发展等综合政策优势，对重庆市经济发展具有后续支撑力。

都市发达经济圈，范围为渝中区、大渡口区、江北区、南岸区、沙坪坝区、九龙坡区、北碚区、渝北区、巴南区，实施先导带动发展，率先实现现代化发展战略。

渝西经济走廊，即中央直辖市重庆西部地区，包括永川区、江津区、合川区、大足区、綦江区、南川区、荣昌县（今为荣昌区）、铜梁区、璧山区、潼南县（今为潼南区）10个区县。自然资源较丰富但人均占有量相对较少，经济发展基础条件较好。就其经济发展水平总体而言，渝西地区经济发达程度略低于重庆市主城区，但又高于重庆平均水平，在重庆国民经济和社会发展格局中处于“第二梯队”的地位，处于重庆1小时经济圈，属于发达的都市核心圈。

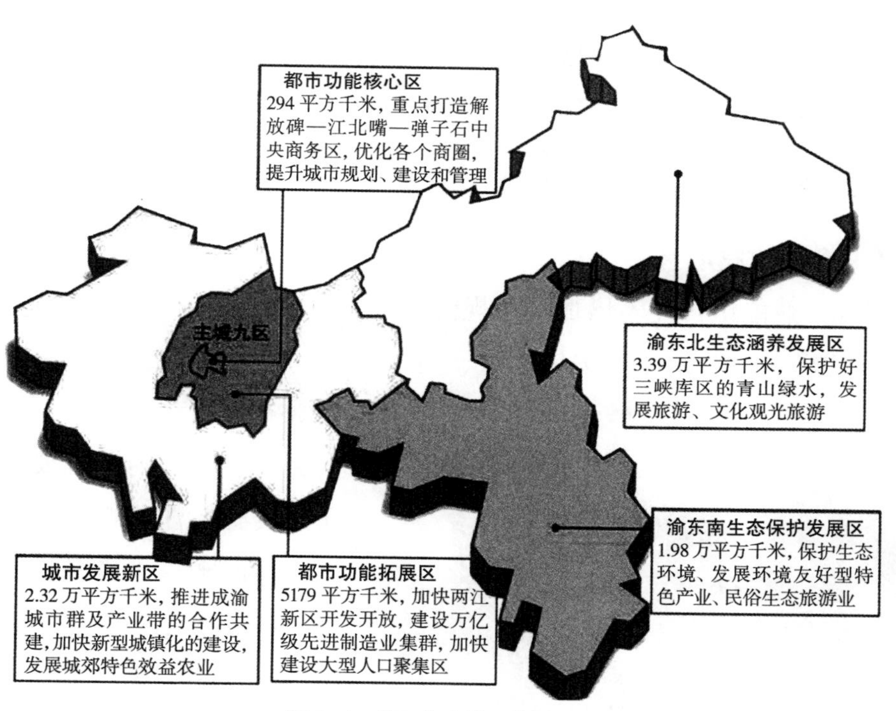

图3–1　“五大功能区”区划示意图

“三大经济区、四大板块”区域发展战略。经过“十五”时期的实践，重庆区域经济发展水平和空间布局结构都出现了新的变化，针对三峡库区生态经济区内渝东北、渝东南工作重点的差异性，“十一五”规划中提出了“按三大经济区构建区域经济体系，按四大工作板块实行分类指导”的区域发展战略，将三峡库区生态经济区划分为渝东北、渝东南，加上渝西经济走廊和都市发达经济圈共四大板块。

“一圈两翼”区域发展战略。2006 年 11 月，重庆提出了“一圈两翼”发展战略，即以主城为核心，以大约 1 小时通勤距离为半径范围的城市经济区（一圈），建设以万州为中心的三峡库区城镇群（渝东北翼）和以黔江为中心的渝东南城镇群（渝东南翼）。打造“1 小时经济圈”，扩大长江上游地区经济中心的承载主体并加速其城市化工业化进程，带动以万州为中心的库区和以黔江为中心的渝东南少数民族地区“两翼”共同协调发展。

“一圈两翼”区域发展战略是新形势下重庆完成中央“314”战略使命的现实要求。既适应了全国区域经济发展的大局，又结合了重庆市情解决城乡二元结构的矛盾，“一圈两翼”区域发展战略是对“三大经济区、四大板块”区域发展战略的创新和发展。

三、五大功能区价值解读

（一）都市核心区

提升产业能级：在不增加工业规模的前提下，转向以服务经济为主，聚集金融保险、研发设计、文化创意、高端商务、电子商务、精品商贸等现代服务业和都市楼宇工业，聚集更多国际国内高端要素。加强解放碑—江北嘴—弹子石中央商务区和重大商务集聚区建设，升级改造解放碑、观音桥、大坪、三峡广场、杨家坪和九宫庙等商圈，发展新型商业业态，建设电子商务信息平台，打造长江上游地区的时尚消费中心。

图 3-2　都市核心区示意图

优化城市功能：不增加工

业规模，通过禁止发展一般性劳动密集型产业，加快退出低端产业，适当疏散人口，总人口大体保持现在规模约 280 万人。

精细化管理：通过旧城改造及部分工业企业搬迁，改变老城区不合理的用地布局，提升城市公共服务功能，改善人居环境。

保护城市生态环境：充分利用和保护好鹅岭、中梁山、南山等绿色生态屏障，及长江、嘉陵江等水域生态廊道，打造两江四岸滨水景观，展现美丽山水城市独特风貌，同时继续保持“多中心、组团式”空间发展模式，避免交通拥挤、环境恶化等问题。

（二）都市功能拓展区

都市功能拓展区，主要以北、西、南三个方向拓展为主，在《重庆市城乡总体规划（2007—2020 年）》中，规划至 2020 年的主城建成区 1188 平方千米的待开发用地，也都集聚在这一区域内。

向西——提速度：以西永综合保税区、大学城、重庆高新区几大区域为主，推进电子产业集群和枢纽口岸，既承接都市核心功能区功能业态，又服务于城市发展新区用工需求。

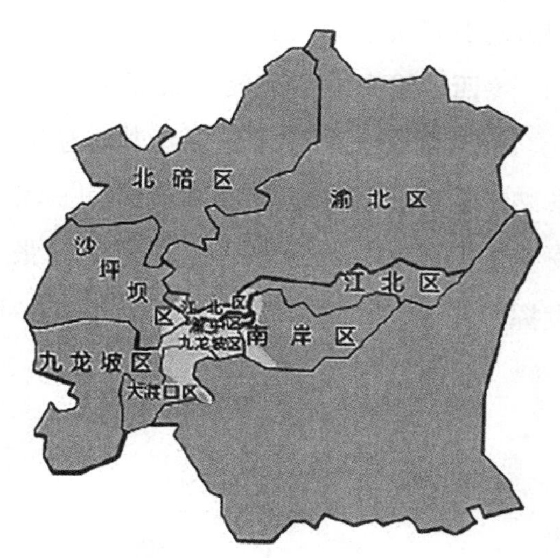

图 3–3　都市功能拓展区示意图

向南——加力度：主要区域为重庆经济开发区、公路物流基地，发展现代物流业拓展南向通道，培育通信设备、物联网产业，构建依据宜业城区。

向北——见高度：区域包括两江新区、两路寸滩保税港区，以现金制造业集群为主导做大经济体量，成为开发开放和集聚现金生产要素的高地。

（三）城市发展新区

城市发展新区，位于成渝经济带及渝黔经济带上，基础条件好，道路交通便捷，人口、城镇密集，资源环境承载力强，发展潜力巨大，是重庆作为直辖市、国家中心城市经济发展新的重心所在，是重庆书写“四化”的主战场，

图 3-4 城市发展新区示意图

将着力培育战略性、支柱型的千亿级、百亿级的产业集群。

主城东部：依托国家级长寿经开区、涪陵工业园区，将打造重化工为主导的综合产业基地。

渝西：依托双桥经开区，永川、江津、璧山、大足、荣昌等工业园区，将打造装备制造、电子信息为主导的先进制造业集群，依托合川、铜梁、潼南工业园区，打造机械工业、轻纺食品为主导的特色产业集群。

渝南：对资源枯竭导致暂时困难的万盛经开区、綦江、南川等板块，将加大对其产业转型的扶持力度，构建“高载能产业”和“城郊休闲旅游”集群。

（四）渝东北生态涵养发展区

推进生态文明建设：新形势下生态文明建设是必然要求，把渝东北各区县纳入秦巴山区水源涵养重要区和三峡库区水源涵养重要区，把渝东北生态安全上升到国家级战略，是在资源紧张、环境污染严峻形势下的果断选择，发挥好渝东北生态功能，对全国生态文明建设有积极贡献。

图 3-5 渝东北生态涵养发展区示意图

利于三峡库区环境保护：把渝东北地区划归三峡库区水体保护—水土保持生态功能区，主导生态功能为三峡水库水体保护，辅助功能为水土保持，对于三峡工程的长期安全运行、长江中下游的防洪与生态安全具有重要战略意义。

统筹城乡、统筹区域：渝东北生态涵养发展区是全市统筹“一圈两翼”和各功能区协调发展的需要，是实现区域一体化、城乡一体化、城镇体系化、整体功能最大化的需要。

推动重庆市经济转型：加快渝东北生态涵养发展区建设是顺应自然符合民心的民生工程，对改善库区基础设施条件、促进公共服务均等化、实现提速提档发展、推进百万移民安稳致富具有重要意义。

（五）渝东南生态保护发展区

推动旅游经济发展：渝东南与长江三峡、湖南张家界、贵州梵净山、黔东北的少数民族景点衔接，旅游资源丰富，如果能进一步打开通道，对下一步的旅游资源开发大有裨益。

增强区域发展的科学性和有效性：根据不同区域的发展条件和实际，进一步完善市区对郊区对区县分类指导机制，制定有针对性的发展政策和考核标准，引导各区县立足实际、因地制宜、突出首要任务、明确发展重点，彰显发展特色，引导形成各区域间产业的科学分工和合作，避免因片面追求经济发展速度、简单迎合统一考核标准，而导致产业布局散乱、无序竞争、效率低下、功能缺失等不良后果。

统筹城乡、统筹区域：渝东南生态保护发展区是全市统筹“一圈两翼”和各功能区协调发展的需要，是实现区域一体化、城乡一体化、城镇体系化、整体功能最大化的需要。

利于提升重庆核心竞争力：实施科学的功能区域发展战略，加快完善大都市区的综合功能，强化对人才、资金、资源等各类要素的集聚作用，加速提升经济发展质量，壮大经济发展规模，做到优势更优，既可以带动其他区域发展，又能真正承担起国家中心城市、西部地区重要增长极、长江上游地区经济中心的重任。

图 3-6　渝东南生态保护发展区示意图

四、影响和意义

五个功能区域是在"一圈两翼"区域发展战略基础上，进一步明确区县功能定位，确定差异化发展战略，其中：将"一圈"细化、深化为都市功能核心区、都市功能拓展区、城市发展新区，是为了拓展空间格局，在更大的空间格局和区域范围内优化资源配置，以更好地推动重庆大都市区的发展和建设；划分生态涵养发展区和生态保护发展区，是为了正确处理加快发展与保护生态的关系；明确各区域功能定位、发展重点和发展方向，目的是强化五大区域联动，更好地突出整体性、互补性和联动性，实现重庆市一盘棋发展，引导形成主体功能明确、板块之间联动、资源配置优化、整体效能提升的区域一体化发展格局。

功能划分是指对国土空间在生产、生活、生态等方面做出因地制宜的科学安排，是指导性战略，是大的发展蓝图，而不是具体计划。因此需要突出首要、明确重点，既要使各区发展有一定的方向性、战略性，又有比较充分的自由度和拓展空间，各区先要根据功能区划分，找准自身定位，在理清思路的基础书，不等不靠，以积极有为的态度，自加压力，加快发展。功能区划分，是要在总体区域划分下，进一步深化、细化各功能区职能，推动区域协调发展。重庆各区域发展水平差异较大，不仅是"一圈"与"两翼"存在差异，"一圈"及"两翼"内部亦存在差异。五大功能区既要有各自的首要发展任务，又兼有其他发展和保护职责，实现优势互补、协调发展。

加快大都市区发展，能对"两翼"生态区形成强有力的反哺，加强"两翼"生态区的保护和特色产业发展，能对大都市区提供必要的生态支撑、特色农业和生态产品、人口输入等。

五大功能区划分，对历史形成的不符合功能区定位的产业、企业，不能搞激进的"一刀全砍掉"，而要通过政府和市场的两只手加以引导和解决，逐步调整、转型、淘汰、升级，同时通过政策积极扶持、资源优化配置等措施，逐步壮大符合功能区定位的产业和企业。

2013 年，市统计局结合"功能分区战略"，首次发布了"功能分区对重庆房地产开发市场影响"报告。报告分析认为，功能区划分之后，将影响重庆市未来楼市开发、投资置业。五大功能区域划分，将影响未来房地产开发，每一个功能区的地产开发都会各有侧重。在都市核心功能区，总人口将保持在 280 万人，地产开发将以商业、办公楼为增长点；都市功能拓展区，在未来十年新增 400 万人，地产开发将形成以住宅为主、商业办公为辅的新格局；城市发展新区将是今后工业化、城镇化主战场，常住人口达到 1200 万人，占重庆市总人口的 36%，房地产开发将以商品住宅为核心；渝东北生态涵养发展区、渝东南生态保护发展区，楼市开发将以旅游、养老地产等为主。

五大功能区的出台，将极大推动重庆城镇进程往更合理更科学的方向去发展，使重庆房地产市场分布更合理、开发有秩序、推进有节奏、发展更健康，避免泡沫化严重。在这个基础上，五大功能区对每个版块都有清晰、明确的定位，使得开发商在城市扩张中，可以更好地配合政府进行区域开发，有效避免区域商业配套重复浪费、教育医疗配套不足等情况，促进区域有机、统一发展；另一方面功能区规划也会加剧市场的积极竞争，让房地产开发的整体品质和服务水平得到进一步提升。

大渡口等发展较慢的都市核心边缘区域迎来腾飞机会。都市功能核心区是重庆商业、金融业、第三产业高度发达的区域，占据城市最核心、最不可复制的资源。核心区各商圈，相对发展缓慢的区域，将迎来腾飞机会。五大功能区发布后，大渡口内环以北被划分为都市核心区域，业态优化升级成了应有之义。大渡口将通过引进高端业态、打造九宫庙之外的三大功能片区等方式，推动楼市发展，实现城市功能转型。

都市功能核心区发展成熟，可开发空间越来越少，未来政府必将引导对区域内剩余土地资源进行最优利用。另一方面，都市功能拓展区必将成为城市发展的新方向和热点区域。都市功能拓展区任务之一是形成 21 个大型人口聚集区，未来 10 年新增人口约 400 万人，其中 21 个大型聚居区，包括北碚新城、水土、蔡家、空港、悦来、礼嘉、大竹林、鸳鸯、西永中心大学城、白市驿、华岩、陶家、钓鱼嘴、龙洲湾、鹿角、茶园、峡口、鱼嘴、御临、西彭等新兴区域，正是房地产大力发展的区域。对于楼市来说，下一个黄金 10 年，就在这些区域。

第二节 生态红线限制条件

为深入贯彻落实主体功能区制度，实施生态空间用途管制，提高生态系统服务功能，构建重庆市生态安全格局，根据中共中央办公厅、国务院办公厅《关于划定并严守生态保护红线的若干意见》和原环境保护部办公厅、国家发展改革委办公厅《关于印发〈生态保护红线划定指南〉的通知》等规定，划定重庆市生态保护红线，2018年，重庆市人民政府发布《重庆市生态保护红线》，具体内容含以下四个方面。

一、管控面积

重庆市生态保护红线管控面积2.04万平方千米，占重庆市面积的24.82%，在38个区县（自治县）和两江新区、万盛经开区（以下统称区县）均有分布。

二、基本格局

重庆市生态保护红线管控空间格局呈现为“四屏三带多点”。“四屏”为大巴山、大娄山、华蓥山、武陵山四大山系，主要生态功能为水源涵养和生物多样性维护；“三带”为长江、嘉陵江、乌江三大水系，主要生态功能为水土保持；“多点”为自然保护区、森林公园、风景名胜区等各级各类保护地。

三、主要类型和分布范围

重庆市生态保护红线管控区域主要分布在渝东南、渝东北以及主城“四山”地区。主要类型有水源涵养生态保护红线、生物多样性维护生态保护红线、水土保持生态保护红线、水土流失生态保护红线、石漠化生态保护红线等。

水源涵养生态保护红线。主要分布在垫江、梁平、忠县等区县，总管控面积为457.50平方千米，占重庆市生态保护红线管控总面积的2.24%。主要保护森林、湿地、河流生态系统以及保护物种栖息地，维护水源涵养功能，加强地质灾害防治和水土流失治理。

生物多样性维护生态保护红线。主要分布在三峡库区沿线区县及国家重点生态功能区县，总管控面积为12333.97平方千米，占重庆市生态保护红线管控总面积的60.33%，包含大娄山、方斗山—七曜山、秦巴山区、武陵山4条生物多样性维护生态保护红线。主要保护森林、草地、湿地生态系统以及重要物种的栖息地，增强生物多样性维护功能，构筑区域生态屏障。

水土保持生态保护红线。主要分布在三峡库区沿线区县，包含三峡库区、渝西丘陵2条水土保持生态保护红线，总管控面积为5201.94平方千米，占重庆市生态保护红线管控总面积的25.44%。主要保护森林、湿地、河流生态系统以及保护物种栖息地，维护水土保持功能，保障库区水质安全。

水土流失生态保护红线。主要分布在三峡库区沿线区县及渝东北、渝东南，包含方斗山—七曜山、秦巴山区、三峡库区3条水土流失生态保护红线，总管控面积为2224.22平方千米，占重庆市生态保护红线管控总面积的10.88%。主要保护森林、草地、湿地、河流生态系统以及保护物种栖息地，加强水土流失治理。

石漠化生态保护红线。主要分布在秀山县、酉阳县、丰都县、武隆区，包含方斗山—七曜山、武陵山2条石漠化生态保护红线，总管控面积为227.79平方千米，占重庆市生态保护红线管控总面积的1.11%。主要保护森林、草地生态系统以及保护物种栖息地，加强石漠化治理，遏制石漠化扩展趋势。

四、组织实施

各区县是划定并严守生态保护红线的责任主体，要将生态保护红线作为相关综合决策的重要依据和前提条件，履行好保护责任。

做好勘界定标，强化监督管理。各区县要根据本行政区域生态保护红线分布范围和相关技术规范，对生态保护红线边界进行实地勘查、测绘，核准拐点坐标，勘定精确界线，设立统一规范的界桩和标识牌，确保生态保护红线落地准确、边界清晰。

确立优先地位，实行严格管控。各区县和有关部门要将生态保护红线作为编制空间规划的基础和前提，相关规划要符合生态保护红线空间管控要求，不符合的要及时进行调整。要建立常态化巡查、核查制度，严格查处破坏生态保护红线的违法行为，确保生态保护红线生态功能不降低、面积不减少、性质不改变。

制定修复方案，加大补偿力度。各区县要建立本行政区域生态保护红线台账系统，制定实施生态系统保护与修复方案，优先保护良好生态系统和重要物种栖息地，修复受损生态系统，建立和完善生态廊道，提高生态系统完整性和连通性。要加大生态保护红线管控区域财政资金投入力度，探索建立政府引导、市场运作、社会参与的多元化投融资机制，引导社会力量参与生态系统保护与修复。

表 3-1　各区县生态保护红线管控面积

序号	区县	生态保护红线管控面积（平方千米）	生态保护红线管控面积占区域总面积比例（%）
1	万州区	741.07	21.44
2	黔江区	616	25.76
3	涪陵区	233.23	7.92
4	渝中区	0.26	1.1
5	大渡口区	9.27	9.03
6	江北区	23.09	10.48
7	沙坪坝区	60.45	15.26
8	九龙坡区	42.52	9.87
9	南岸区	40.37	15.38
10	北碚区	150.33	19.99
11	渝北区	401.18	27.51
12	巴南区	184.6	10.12
13	长寿区	332.22	23.37
14	江津区	543.42	16.87
15	合川区	121.48	5.18
16	永川区	98.48	6.24
17	南川区	590.68	22.81
18	綦江区	166.59	7.62
19	大足区	100.27	6.99
20	璧山区	159.96	17.49

续表

序号	区县	生态保护红线管控面积（平方千米）	生态保护红线管控面积占区域总面积比例（%）
21	铜梁区	178.16	13.28
22	潼南区	151.51	9.56
23	荣昌区	24.67	2.29
24	开州区	1120.9	28.28
25	梁平区	372.33	19.71
26	武隆区	834.63	28.89
27	城口县	1785.31	54.27
28	丰都县	414.95	14.3
29	垫江县	199.19	13.14
30	忠 县	99.84	4.57
31	云阳县	1153.69	31.72
32	奉节县	1418.05	34.58
33	巫山县	1075.67	36.43
34	巫溪县	1972.71	49.07
35	石柱县	1146.42	38.04
36	秀山县	673.02	27.43
37	酉阳县	1613.91	31.22
38	彭水县	1499.17	38.49
39	万盛经开区	95.82	17.07
	合 计	20445.42	24.82

第三节　“三线一单”管控要求

“三线一单”是指生态保护红线、环境质量底线、资源利用上线和生态环境准入清单，是推进生态环境保护精细化管理、强化国土空间环境管控、推进绿色发展高质量发展的一项重要工作。

生态保护红线是指在生态空间范围内具有特殊重要生态功能、必须强制性严格保护的区域，是保障和维护国家生态安全的底线和生命线，通常包括具有重要水源涵养、生物多样性维护、水土保持、防风固沙、海岸生态稳定等功能的生态功能重要区域，以及水土流失、土地沙化、石漠化、盐渍化等生态环境敏感脆弱区域。按照“生态功能不降低、面积不减少、性质不改变”的基本要求，实施严格管控。

环境质量底线是指按照水、大气、土壤环境质量不断优化的原则，结合环境质量现状和相关规划、功能区划要求，考虑环境质量改善潜力，确定的分区域分阶段环境质量目标及相应的环境管控、污染物排放控制等要求。

资源利用上线是指按照自然资源资产只能增值、不能贬值的原则，以保障生态安全和改善环境质量为目的，利用自然资源资产负债表，结合自然资源开发管控，提出的分区域分阶段的资源开发利用总量、强度、效率等上线管控要求。

生态环境准入清单是指基于环境管控单元，统筹考虑生态保护红线、环境质量底线、资源利用上线的管控要求，提出的空间布局、污染物排放、环境风险、资源开发利用等方面禁止和限制的环境准入要求。

2020 年，《重庆市人民政府关于落实生态保护红线、环境质量底线、资源利用上线制定生态环境分区管控的实施意见》发布，提出如下实施意见。

一、总体要求

（一）指导思想

以习近平新时代中国特色社会主义思想为指导，全面贯彻党的十九大，十九届二中、三中、四中全会精神和中央经济工作会议精神，深化落实习近平总书记对重庆提出的“两点”定位、“两地”“两高”目标、发挥“三个作用”和营造良好政治生态的重要指示要求，深学笃用习近平生态文明思想，助力成渝地区双城经济圈建设，推动“一区两群”协调发展，建立以“三线一单”为核心的生态环境分区管控体系，加快建设山清水秀美丽之地，筑牢长江上游重要生态屏障。

（二）基本原则

坚持保护优先。落实生态保护红线、环境质量底线、资源利用上线硬约束，推动形成绿色发展方式和生活方式。

坚持分类施策。针对流域、区域、行业特点，聚焦问题和目标，实施生态环境分区管控。

坚持稳中求进。坚持生态环境管控内容不突破、管理要求不降低，结合经济社会发展新形势和环境质量改善新要求，定期评估调整和动态更新。

（三）总体目标

到 2020 年，生态环境质量总体改善，主要污染物排放总量大幅减少，环境风险得到有效管控，生态环境保护水平同全面建成小康社会目标相适应。

到 2025 年，产业结构调整深入推进，绿色发展和绿色生活水平显著提升，生态环境质量持续改善，主要污染物排放量持续减少，生态系统稳定性进一步提升，环境治理体系和治理能力现代化水平明显提升。

到 2035 年，节约资源和保护生态环境的空间格局、产业结构、生产方式、生活方式总体形成，生态环境质量实现根本好转。

到 21 世纪中叶，生态文明全面提升，实现生态环境领域治理体系和治理能力现代化。

二、分区管控

（一）环境管控单元划分

环境管控单元包括优先保护单元、重点管控单元、一般管控单元三类。优先保护单元指以生态环境保护为主的区域，主要包括饮用水水源保护区、环境空气一类功能区等。重点管控单元指涉及水、大气、土壤、自然资源等资源环境要素重点管控的区域，主要包括人口密集的城镇规划区和产业集聚的工业园区（工业集聚区）。一般管控单元指除优先保护单元和重点管控单元之外的其他区域。

重庆市国土空间按优先保护、重点管控、一般管控三大类划分为 785 个环境管控单元。其中，优先保护单元 479 个，面积占比 37.4%；重点管控单元 188 个，面积占比 18.2%；一般管控单元 118 个，面积占比 44.4%。

主城都市区、渝东北三峡库区城镇群、渝东南武陵山区城镇群优先保护单元面积占比分别为 21.6%、44.4%、48.2%，重点管控单元面积占比分别为 40.4%、7.6%、4.3%，一般管控单元面积占比分别为 38%、48%、47.5%。

（二）分区环境管控要求

优先保护单元依法禁止或限制大规模、高强度的工业和城镇建设，在功能受损的优先保护单元优先开展生态保护修复活动，恢复生态系统服务功能。重点管控单元优化空间布局，不断提升资源利用效率，有针对性地加强污染物排放控制和环境风险防控，解决生态环境质量不达标、生态环境风险高等问题。一般管控单元主要落实生态环境保护基本要求。

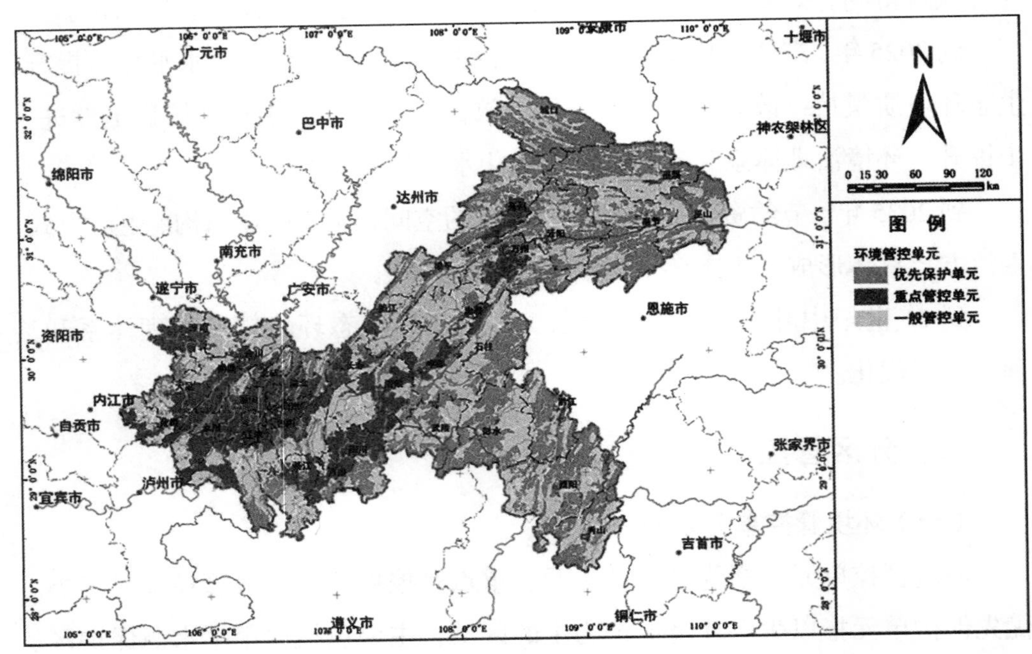

图 3–7 重庆市环境管控单元分布图

实施差异化管理，推动“一区两群”协调发展，促进各片区发挥优势、彰显特色、协调发展。主城都市区重点推进产业升级，优化工业区、商业区、居住区布局，优化水资源配置和排污口、取水口及饮用水水源地布局，保护和修复“四山”生态，强化污染物排放控制和环境风险防控。渝东北三峡库区城镇群突出秦巴山区、三峡库区生态涵养和生物多样性保护，推进水污染治理、水生态修复、水资源保护，加强水土流失、消落带和农业农村污染治理，确保三峡库区水环境安全。渝东南武陵山区城镇群突出武陵山区生物多样性维护，推进生态修复，加强石漠化治理和重金属污染防控，增强生态产品供给能力。

三、工作要求

（一）实施与应用

建立“三线一单”数据应用平台，数据集中管理、查询、应用、展示和交换，实行信息共享共用。市级制定总体管控要求，各区县（自治县）和万盛经开区（以下统称区县）制定具体单元管控要求，相应管控要求数据应上传至数据应用平台。

区域资源开发、产业布局和结构调整、城镇建设、重大项目选址应将环境管控单元及生态环境准入清单作为重要依据，相关政策、规划、方案需说明与“三线一单”的符合性，在地方立法、政策制定、规划编制、执法监管中不得变通突破、降低标准，不符合不衔接不适应的于2020年底前完成调整。

国土空间规划、相关规划应将落实到具体空间的生态、水、大气、土壤、资源利用等红线、底线和上线要求作为编制的基础。

区域、流域等产业发展应将“三线一单”提出的要求作为产业准入负面清单编制基础，具体管控单元的管控要求作为产业准入负面清单在具体区域、园区和单元落地的支撑。

监管开发建设行为和生产活动时，应将“三线一单”作为重要依据。优先保护单元和重点管控单元应作为生态环境监管重点区域，生态环境分区管控要求应作为生态环境监管的重点内容。

（二）更新与调整

重庆市生态环境部门每5年组织开展全市“三线一单”实施情况评估，充分听取区县政府提出的更新调整意见，依据评估情况编制“三线一单”更新调整方案，并按程序和要求审议发布，更新调整后的成果报生态环境部备案并上传至生态环境部“三线一单”数据共享系统。5年内因国家与地方发展战略、生态保护红线、自然保护地和生态环境质量目标调整，“三线一单”确需进行更新的，由区县政府提出申请，市生态环境部门组织审定后进行更新。

四、保障措施

（一）组织保障

重庆市生态环境部门组织全市“三线一单”实施、评估、更新调整和宣传工作，市级有关部门结合本单位职责职能做好重庆市“三线一单”实施工作，并积极参与评估、更新调整和宣传工作。区县政府做好本辖区“三线一单”发布、实施、更新调整和宣传工作。

（二）资金、技术保障

市、区县要组建长期稳定的专业技术团队，安排专项财政资金，切实保障“三线一单”实施、评估、更新调整、数据应用和维护等。

表 3-2 重庆市环境管控单元统计表

序号	区县	优先保护单元		重点管控单元		一般管控单元	
		个数	面积占比（%）	个数	面积占比（%）	个数	面积占比（%）
1	万州区	18	39.0	7	21.2	7	39.8
2	黔江区	12	53.0	2	3.6	2	43.4
3	涪陵区	17	17.5	9	30.4	7	52.1
4	渝中区	3	1.3	1	98.7	0	0.0
5	大渡口区	5	18.4	2	81.6	0	0.0
6	江北区	9	16.3	5	83.7	0	0.0
7	沙坪坝区	9	29.6	2	70.4	0	0.0
8	九龙坡区	11	19.0	5	81.0	0	0.0
9	南岸区	10	23.5	2	76.5	0	0.0
10	北碚区	10	30.0	5	43.8	3	26.2
11	渝北区	13	39.3	8	48.5	2	12.2
12	巴南区	13	20.0	6	38.2	2	41.8
13	长寿区	8	30.3	9	35.0	3	34.7
14	江津区	18	24.7	9	26.1	7	49.2
15	合川区	9	9.6	10	18.0	5	72.4
16	永川区	9	19.2	5	60.1	2	20.7
17	南川区	16	27.7	6	48.6	4	23.7
18	綦江区	11	21.1	8	25.6	5	53.3
19	大足区（含双桥经开区）	12	21.8	4	46.1	4	32.1

续表

序号	区县	优先保护单元		重点管控单元		一般管控单元	
		个数	面积占比（%）	个数	面积占比（%）	个数	面积占比（%）
20	璧山区	10	25.9	6	59.2	1	14.9
21	铜梁区	10	17.9	4	47.0	3	35.1
22	潼南区	7	12.2	7	48.8	4	39.0
23	荣昌区	6	10.5	5	38.3	6	51.2
24	开州区	16	45.9	5	14.2	3	39.9
25	梁平区	13	26.6	4	5.8	5	67.6
26	武隆区	23	40.6	4	12.7	5	46.7
27	城口县	10	63.6	4	0.5	3	35.9
28	丰都县	18	35.4	3	18.8	3	45.8
29	垫江县	13	18.7	6	17.4	1	63.9
30	忠县	18	19.3	4	3.8	5	76.9
31	云阳县	17	46.5	5	2.5	3	51.0
32	奉节县	15	51.2	3	1.6	3	47.2
33	巫山县	19	48.9	3	1.3	1	49.8
34	巫溪县	13	58.0	3	1.7	3	40.3
35	石柱县	15	46.5	3	7.5	3	46.0
36	秀山县	11	41.8	2	2.1	1	56.1
37	酉阳县	14	51.5	5	1.1	5	47.4
38	彭水县	9	51.8	4	1.7	5	46.5
39	万盛经开区	9	29.8	3	50.9	2	19.3
重庆市合计		479	37.4	188	18.2	118	44.4

第四章 重庆市绿色发展战略举措

2019年，《重庆市环评领域进一步推动高质量发展若干措施》通过。以习近平新时代中国特色社会主义思想为指导，全面贯彻党的十九大和十九届二中、三中全会精神，紧紧围绕习近平总书记对重庆提出“两点”定位、“两地”“两高”目标和营造良好政治生态、做到“四个扎实”的重要指示要求，深学笃用习近平生态文明思想，认真贯彻中央和市委关于推动高质量发展的意见，坚持人与自然和谐共生，实行最严格的生态环境保护制度，形成绿色发展方式和生活方式，保持加强生态文明建设的战略定力，跨越污染防治和环境治理的重要关口，探索以生态优先、绿色发展为导向的高质量发展新路子，就环评领域推动高质量发展提出如下措施。

第一节 绿色产业主导

一、突出绿色引领，促进产业升级

着力抓好统筹，实现保护与发展同步推进。协调好保护与发展的关系，确保发展不超载，底线不突破。各区县对重庆市经济发展有重大贡献、产业布局有重大支撑的建设项目，应当综合采取循环经济、清洁生产、区域削减、结构调整等手段优先保障其所需主要污染物排放总量等资源环境指标。对生态环境敏感、环境容量有限或环境质量不达标区域、流域的建设项目，支持所在区县、产业园区、企业优先选用先进工艺和治理技术减少污染物排放，以满足环境质量底线要求，实现社会经济发展和环境质量改善双赢。

做好山水文章，引领产业绿色转型。学好用好“两山论”，走深走实“两化路”，引导生态资源向生产要素市场集聚，以战略和政策环评为抓手，引导区县因地制宜发展具有比较优势的特色产业，鼓励把“绿水青山”资源优势转化为“金山银山”发展优势。强化规划环评在优布局、控规模、调结构、促转型中的“绿色”引领，促进支撑长江及其主要支流岸线 1 千米、5 千米范围内产业调整和疏解，保护三峡库区生态和水质安全。加快制定“三线一单”（生态保护红线、环境质量底线、资源利用上线和生态环境准入清单），以“三线一单”支撑产业绿色可持续发展，引导产业科学合理布局。对符合“三线一单”管控要求的建设项目，其环评文件可进一步简化内容，生态环境部门可进一步精简审批程序，提高效率。

优化产业景观，推动“产城景”融合。注重产业园区、工业企业同周围环境景观及配套环境保护基础设施的统筹规划和科学设计。产业园区、工业企业的环境景观应与周边人文自然景观、生态环境风貌相协调，各区县要积极打造一批富有特色的“生态园区”“生态工厂”，让产业园区、工业企业“颜值”更高、“气质”更佳，招商引资的软实力更强。优化环境防护距离设置，以防范产业园区涉生态环境“邻避”问题为出发点，将环境防护距离优化控制在园区边界或用地红线以内，促进产业兴、生态美、百姓富有机统一。

强化政策引导，助力打赢脱贫攻坚战。加强对贫困区县环评政策引导，对涉及脱贫攻坚、符合生态环境保护要求的建设项目环评加快审批，特事特办。支持贫困区县每年年初制定待审批的建设项目环评清单，生态环境部门以此为基础，提前介入，主动服务。

健全共享机制，推进环境数据公开。抓好环评基础数据共建共享，完善机制，开通渠道，最大限度发挥环评领域数据的公益和普惠属性。在保障信息安全前提下，依法按程序逐步实现“三线一单”、规划环评、建设项目环评及部分环境质量数据面向社会公开，降低环评工作数据收集、获取、监测成本，为企业减负增效。同时，以数据公开，推进行政审批制度改革，促进形成流程更优、效率更高、决策更科学的环评工作格局。

坚持实事求是，解决环评具体问题。一是科学实施规划环评同项目环评联动。除国家明确要求需开展规划的行业（目前包括三类：产能过剩行业；生态环境部规定的环评审批原则、准入要求中明确的行业；法律法规和其他政策规范有要求的行业）之外，联动对象重点关注土地、城乡、工业园区有关规划。二是优化主要污染物排放总量指标管控。除法律法规、政策规范有明确要求的情形之外，在满足产业园区规划环评确定的总量管控要求前提下，建设项目主要污染物排放总量指标可在发生实际排污之前取得。三是对工业用地上“零土地”（不涉及新征建设用地）技术改造升级且“两不增”（不增加污染物排放总量、不增大环境风险）的建设项目，对原老工业企业集聚区（地）在城乡规划未改变其工业用地性质的前提和期限内，且列入所在区县工业发展等规划并依法开展了规划环评的项目，依法依规加快推进环评文件审批，帮助企业解决困难。四是组织开展国民经济行业大类中相关规划有限制，但污染风险极低或没有污染的细分行业、生产工艺的判定方法研究，避免环境准入“一刀切”。五是严格按照《建设项目环境影响评价分类管理名录》（生态环境部令第 1 号）实施建设项目环评管理，不得扩大范围和提高等级。

二、增强服务意识，转变服务方式

用好网审平台，提高审批服务水平。推进服务方式创新转变，变“坐等”审批为主动服务，超常规不超程序，提效率不降标准。环评文件审批一律实施“网上办”“一次办”，发挥大数据和“互联网 +”优势，做到“三最一及时”，最简化办理、最快捷办理、最人性化办理，对审批申报资料不全、要件不齐等不符合要求的及时帮助指导企业补正。建立建设项目涉生态环境问题咨询机制，提前指导，为经济健康发展保驾护航。对企业反映的问题，注重“点”“面”结合，区别对待，对个性问题，踩准“点”，具体分析，各个击破；对共性问题，关注“面”，深化调研，明确原因，抓好统筹。以点带面，积极回应企业关切。

注重精准施策，服务重大项目落地。一是前移环境准入关口，定期将生态环境方面法律和政策红线梳理整编成册，推送到区县政府、行业主管部门、设计单位、咨询机构等，主动融入建设项目选址选线及工程可研阶段。二是同行业主管部门建立协作机制，对重大项目环评审批挂图作战，提前与项目业主、咨询机构对接、服务和协调，保障方案科学合理，为审批提速。三是定期调度，对重大项目环评审批进行分类指导和动态管理。强化环评审批与技术评估的协调联动，即到即受理，即受理即评估。

三、优化营商环境，激发市场活力

落实改革举措，全面优化营商环境。一是依照“法无授权不可为，法定职责必须为”原则，全面清理环评文件审批前置条件。不得违规设置或保留水土保持、行业预审等环评的前置条件。涉及法定保护区域的项目，在符合法律法规规定的前提下，主管部门意见不作为环评审批的前置条件。将涉自然保护区建设项目开展生态影响专题报告的内容纳入环评文件，一并编制、报审，由环评文件审批部门依法审批，不需单独编制生态影响专题报告。依法对填报环评登记表的建设项目实施网上备案，切实让企业享受到改革红利。二是落实好压减环评文件审批时限措施，报告书的审批时限不超过 20 个工作日（法定公示期除外）；报告表的审批时限不超过 10 个工作日（法定公示期除外），遇法定节假日导致审批时限超过《重庆市环境保护条例》规定审批时限的，从其规定。三是对重庆市范围符合条件的 19 大类 95 小类污染相对较轻的工业、基础设施等类型建设项目试点实施环评审批告知承诺制，在满足法定审批公示时限前提下，建设单位承诺守法，环评文件批准书“立等可取”。在总结经验基础上，视情况进一步扩大环评审批告知承诺制实施范围。四是精准放权，修订环评文件分级审批规定，宜放则放，增强区县招商引资的灵活度和积极性。

培育咨询市场，营造公平透明从业氛围。一是创新工程建设领域中介机构监管，组织推动环评咨询机构进驻市政府网上“中介超市”。环评咨询服务网上竞价、合同网签、成果评价和信用公示全部集成到“一个系统”运行。二是鼓励市外从事环评咨询的优秀机构，尤其是“国字头”“中字头”机构来渝从业，为企业提供更加优质高效的环评咨询服务。三是强化环评咨询机构从业监管，加大环评文件质量抽查和环评技术评估专家培训考核力度，保障环评文件质量。

第二节 宜居环境构建

根据中科院对外发布的《中国宜居城市研究报告》显示，在2019年，重庆在40个被调查城市中位居第十名，重庆是两江环绕、山川环抱的江山之城，历来是宜居佳地。

一、乡村宜居环境建设

改善农村人居环境是以习近平同志为核心的党中央做出的一项重大决策，是实施乡村振兴战略的重点任务，是“三农”领域的民生工程。习近平总书记多次做出重要指示批示，要求推广好浙江的经验做法，坚持因地制宜、分类指导原则，农村人居环境整治工作注重同各地农村经济社会发展水平相适应、同步发展，作为乡村振兴战略之重要内容抓紧抓实。中央制定下发了《农村人居环境整治三年行动方案》，2019年中央1号文件对此提出了明确要求。

党的十九大以来，重庆市委、市政府坚持以习近平新时代中国特色社会主义思想为指导，认真贯彻落实中央决策部署，深入学习浙江“千万工程”经验，把改善农村人居环境作为推进乡村振兴的一场硬仗，纳入重庆市全面建设小康社会“三农”工作必须完成的硬任务。陈敏尔书记多次做出指示批示，强调要加大农村环境综合整治力度，大力推进生活垃圾处理、污水治理和村庄绿色美化，持续改善农村生态环境，全面提升人居环境质量，努力建设宜居宜游的美丽乡村。2019年，陈敏尔书记亲自主持召开市委常委会会议和市委实施乡村振兴战略工作领导小组会议听取农村人居环境整治工作汇报，研究部署相关工作。重庆市人大常委会高度重视农村人居环境整治工作，张轩主任多次深入基层调研指导，市人大常委会还组织进行专题审议；各区县人大及其常委会和各级人大代表非常关注农村人居环境整治工作，经常性开展调研；市两会期间，市人大代表提出了许多有针对性的意见和建议，对推进农村人居环境整治工作发挥了重要作用。

市政府将农村人居环境整治纳入重点工作强力推进。唐良智市长多次主持召开市政府常务会议、市农村人居环境整治工作领导小组会议审议有关文件，研究推动相关工作。各区县各部门认真落实中央决策部署和市委、市政府工作要求，统筹推进农村“厕所革命”、生活垃圾治理、生活污水治理、村容村貌提升、农业生产废弃物资源化利用、村庄规划编制 6 项重点任务，抓紧抓实引导村民养成良好卫生习惯、完善建设和管护机制、健全保障措施 3 项工作要求，有力有序有效推进农村人居环境整治工作。

2019 年，重庆市人大常委会第十次会议听取审议了《重庆市人民政府关于全市农村人居环境整治情况的报告》，报告相关内容如下。

（一）主要工作及成效

党的十八大以来，各区县各部门将改善农村人居环境作为一项重要任务；党的十九大召开之后，市委、市政府对标对表贯彻落实中央精神，以“五沿”（沿铁路两线、沿江两岸、沿高速公路两旁、沿城郊环线、沿旅游景区周边）区域为重点，抓点带面大力推进农村人居环境整治工作。按照全国深入学习浙江“千万工程”经验全面扎实推进农村人居环境整治会议的部署要求，启动实施“五沿带动、全域整治”工程，推动农村人居环境整治由典型示范转向面上推开。截至 2019 年 4 月底，重庆市农村卫生厕所普及率达 73.3%，行政村生活垃圾有效治理比例达 90% 以上，1000 人以上常住人口农村聚居点集中式污水处理设施基本实现全覆盖，农村生活污水处理率达 64%，畜禽粪污综合利用率达 73%，秸秆综合利用率达 83.4%，打造改善农村人居环境市级示范片 30 个，建成美丽宜居村庄 600 个，8 个村获评全国首批改善农村人居环境示范村，1 个区被列入全国农村人居环境整治财政激励示范区县。总体上，重庆市农村“脏”的问题明显减少，“乱”的现象有效管控，“差”的状况逐步改观，“让农村成为安居乐业的美丽家园”正在部分地方逐步变为现实，农民群众的获得感、幸福感、安全感明显增强。

一是农村人居环境整治总体规划和技术标准体系基本形成。坚持把规划作为农村人居环境整治的第一道工序，实行“先规划、后建设”，有序推进整治工作。①加强总体谋划。制定出台了《重庆市农村人居环境整治三年行动实施方案（2018—2020 年）》，各区县结合实际分别制定本区域实施方案，项目化、事项化、清单化确定农村人居环境整治三年目标和年度任务。②突出抓好村规划编制。紧扣实施乡村振兴战略，按照“多规合一”要求统筹推进村规划编制工作，推动规划师、建筑师、工程师“三师下乡”，指导基层精心编制实施村规划。7600个行政村完成现状分析、规划指引等前期工作，其中2697个村基本完成村规划编制；36个特色小城镇编制完成环境综合整治方案。③制定完善农村人居环境整治技术标准。制定实施《农村生活污水集中处理设施水污染排放标准》《农村生活垃圾处置技术指南》《农村整洁庭院评价标准》《美丽宜居村庄建设导则》等技术标准或指南，农村人居环境整治工作基本实现了有章可循、有标可依。

二是农村环境卫生基础设施加快建设。坚持问题导向、需求导向，聚焦农民群众最关心的卫生厕所改造、垃圾回收、污水处理、道路建设等，加快补齐农村环境治理基础设施短板。①大力推进农村“厕所革命”。2018年以来，改造农村户厕44.16万户，累计改厕453.76万户；新建农村公厕1297座，累计达到6946座。②加强农村生活垃圾收运设施建设。2018年以来，新建乡镇垃圾中转站18座，累计达到646座；重庆市农村共配置生活垃圾运输车辆3000余台、垃圾箱4.7万余个、垃圾桶55.1万余个，配备农村保洁员4.2万余名，“户集、村收、镇（乡）运、区域处理”的农村垃圾收运处理体系基本形成。整治非正规生活垃圾堆放点132处，核实销号71处。10个区县申报农村生活垃圾分类示范区县。2019年1月，重庆市农村垃圾治理工作通过国家验收。③加强农村污水处理设施建设。完成乡镇污水处理设施配套管网建设2360千米、农村生活污水集中式处理设施技术改造100座，累计建成乡镇和农村污水处理设施2417座，日处理能力118万吨。与此同时，因地制宜推进农村沼气、三格式化粪池等户用污水处理设施建设，农村分散生活污水治理有力有效展开。④加强“四好农村路”建设。2018年以来，新改建农村公路3.08万千米，累计达到14.58万千米，实现撤并村100%通公路、行政村100%通油路或水泥路，新解决4000个村民小组公路不通、8000个村民小组公路不畅问题。2018年，完成入户道路建设8923千米，累计达到2.9万千米，安装公共照明路灯或庭院灯16.29万盏，农民群众出行日益安全便捷。

三是“三清一改”村庄清洁行动有效改善农村环境卫生。深入贯彻习近平总书记“整治标准可以有高有低”“目标就是干净整洁”的重要指示要求，按照中央统一部署，从2018年12月开始，在重庆市全面启动以清理生活垃圾、清理沟渠塘堰、清理畜禽养殖粪污等农业生产废弃物、改变影响农村人居环境的不良习惯为主要内容的“三清一改”村庄清洁百日行动。2019 年 3 月 1 日，重庆市开始实施村庄清洁行动春季战役，重庆市 8006 个行政村共组织 442 万余农户、626 万余人次参加大扫除，清理垃圾 12 万余吨、沟渠 6 万余千米、农业生产废弃物 48 万余吨，农村环境脏乱差问题得到有效遏制。

四是农业绿色发展有力推进。聚焦农村面源污染治理，以推进投入品减量化、生产清洁化、废弃物资源化为重点，加快改善农村生产、生活环境。①全面实施化肥农药减量行动。2018 年深入推进测土配方施肥，覆盖率达到 90%；积极开展有机肥替代化肥试点，化肥使用量比 2017 年减少 0.5%，利用率提高到 38.5%；深入实施农作物病虫害统防统治，覆盖率提高到 35.2%；以水稻、玉米、蔬菜、水果、茶叶为重点开展绿色防控，覆盖率提高到 29.8%；农药使用量比 2017 年减少 0.5%，利用率提高到 38.8%。②加强畜禽养殖废弃物资源化利用。2018 年完成 43 万头生猪当量污染治理任务，规模化养殖场治污设施配套率达到 81%，较 2017 年提高 5 个百分点。在 7 个区县整县推进畜禽养殖废弃物资源化利用，启动 14 个畜牧大县畜禽养殖废弃物资源化利用项目申报。③推进水产养殖生态化改造。在重庆市大力推广生态健康水产养殖，重点实施底排污生态化改造。2018 年，重庆市共实施池塘“一改五化”、鱼菜共生、稻渔综合种养分别为 26.8 万亩、9.7 万亩、27.5 万亩，比 2017 年分别增长 7.2%、6.6% 和 88.4%，创建部级水产健康养殖示范场 190 家、养殖水面 20 万亩，池塘水质持续改善，节能减排效果明显。④深化农作物秸秆综合利用。重庆市实施秸秆还田 2468 万亩，实现资源化利用 776 万吨。在九龙坡等 5 个区县开展农作物秸秆综合利用试点，加快探索肥料化、饲料化、燃料化等多元利用途径。加强执法检查和工作督导，秸秆露天焚烧现象得到有效遏制。⑤强化废弃农膜回收利用。出台《重庆市废弃农膜回收利用管理办法（试行）》。以各级供销合作社为主体，着力构建农膜回收处置体系。加强对农户农膜回收宣传、教育和发动，重点在渝北、巫溪、南川开展农膜回收利用试点，2018 年重庆市回收废旧农膜 1391 吨，2019 年前 4 个月回收 2812 吨，农膜回收利用效率加快提高。

五是村容村貌提升效果逐步显现。大力实施村庄净化、绿化、美化、亮化、文化“五化工程”，加强乡村公共空间和庭院环境整治，凸显乡村韵味，彰显乡村价值。2018 年，完成村庄公共场所绿化 9582 亩，创建绿色示范村庄 585 个。开展传统村落保护，完成乡村文化遗产资源普查，实施中国传统村落保护 74 个，建设少数民族特色村镇 28 个。实施农村危房改造 4.68 万户。加强乡村文化设施配套建设，完成 922 个乡镇（街道）、7642 个村（社区）综合文化服务中心的提升提质，完成 515 个村级体育活动场所建设，建成惠民电影室内固定放映厅 213 个，打造乡村文化乐园 30 余个。创建部级美丽乡村示范村 36 个、市级示范村 430 个。

六是工作推进机制不断建立完善。①健全领导机制。市委、市政府成立以唐良智市长为组长，5 名相关市领导为副组长，25 个市级相关部门主要负责同志为成员单位的农村人居环境整治工作领导小组，定期研究部署农村人居环境整治工作。市政府建立并坚持每月一调度的工作推进机制。各区县相应成立由党委或政府主要领导任组长的领导和工作体系。②完善责任机制。对标中央要求，建立市农业农村委牵头抓总统筹、市级相关部门各履其职和各尽其责的工作机制，明确细化部门责任分工，建立健全联席会议制度，构建起市级主导、区县主责、乡镇（街道）主事、村（社区）主体、农民主角的责任落实机制。③落实考核督导机制。对区县农村人居环境整治工作实行“月通报、季排位、半年督查、年终考核”，对工作推动有力、整治效果较好的区县优先纳入相关专项给予支持，对措施不力、进度滞后的区县开展约谈，以务实举措推动任务精准落地。

（二）主要问题

一是思想认识有偏差，个别区县没有站在全局和战略的高度来认识和推进农村人居环境整治工作，仅将其作为一般性事项对待，部分干部的紧迫感、责任感不强。有些区县在农村人居环境整治标准把握上有偏差，没有吃透把准内涵要义，没有从“6+3”总体任务上进行系统谋划，将农村人居环境整治简单理解为扫扫地、刷刷墙。个别地方农村人居环境整治工作还停留在示范上，没有转向全面推开，特别是对分散农户用力不够。

二是乡村特色凸显不够。在农村人居环境整治过程中，个别地方没有充分体现乡村本底，没有遵循乡村建设规律。比如，有的地方大面积种植景观草坪，有的道路、护坡等水泥硬化过度；照搬城镇生活污水处理模式，存在城市化整治思路；规划编制粗糙，指导性、实用性不强，执行力不够，导致房屋乱搭乱建现象突出，有新房无新村、有新村无新貌。

三是现有投入水平与资金需求不相适应。重庆市农村人居环境整治量大面广、任务艰巨，特别是越往后难度越大，需要强有力的资金做保障。但当前经济下行压力较大，各级财政收入增速放缓，投入能力不足。由于农村人居环境整治项目多数具有准公益性，社会资本缺乏进入的动力，农民自筹缺乏投资的实力。

四是重建轻管的现象不同程度地存在。基层一些地方高度重视前端的基础设施建设，对后端运行管护机制研究不够，不少项目没有落实管理人员和经费，特别是农村公路、生活污水治理、公共厕所等设施运行维护缺乏稳定的经费来源，保洁队伍不健全，影响农村环境整治的持续性。

五是农民群众参与的积极性不高。改善农村人居环境，农民是主角。但有些农户将其视为政府的事情，“等靠要”的思想还比较突出，仍存在“干部进村干、农民路边看”的现象。同时，农村一些地方乱扔垃圾、乱倒污水等现象仍然普遍，改变农民群众不良生活习惯还需要持续努力。

（三）下一步工作打算

重庆市要深学笃用习近平新时代中国特色社会主义思想，深入落实习近平总书记关于改善农村人居环境重要指示和视察重庆重要讲话精神，紧紧围绕习近平总书记对重庆提出的“两点”定位、“两地”“两高”目标、发挥“三个作用”和营造良好政治生态的重要指示要求，认真贯彻市委五届六次全会精神，按照市委工作部署，以此次市人大常委会专题审议为重要契机，从扎实推进乡村振兴、建设山清水秀美丽之地和加快推动高质量发展、创造高品质生活的政治高度深化认识，大力实施“五沿带动、全域整治”行动，加强力量、加大力度、加快速度推进农村人居环境整治工作，努力打造“小组团、微田园、生态化、有特色”的生态宜居美丽乡村。当前和今后一个时期，重点抓好以下工作：

第一要加强乡村规划编制管理。按照城乡一体融合发展要求，科学编制乡村规划。一是提高村规划编制质量。按集聚提升类、城郊融合类、特色保护类、搬迁撤并类等分类，加快推进区县域村布局规划编制。深入推进“三师下乡”，引导基层干部和农民群众参与规划编制。2019年村规划编制覆盖率力争达到80%，“三师下乡”选派到区县覆盖率力争达到100%。二是推进“多规合一”。通盘考虑生态保护修复、耕地和永久基本农田保护、农村住房布局、产业发展空间、基础设施和基本公共服务设施布局、自然历史文化传承和保护，编制多规合一的实用性村规划，实现一张蓝图多规叠加、融合共用。三是强化规划实施。注重以规划化人、用环境造人，用规划宣传引导农民群众，用优美环境影响农村居民，提高农民群众知规划、懂规划和执行规划的意识，减少乡村乱搭乱建现象。

第二要分类分档确定整治目标。坚持因地制宜、分村施策、标准有高有低的原则，合理确定不同区域整治目标和重点。根据各区县经济社会发展水平和现有基础条件，重庆市总体上分三类推进：第一类，包括南岸、九龙坡、渝北、大渡口、南川以及万盛6个区（经开区），到2020年，农村人居环境质量得到全面提升，基本实现农村生活垃圾处置体系全覆盖，农村无害化卫生厕所普及率达到90%以上，农村生活污水治理率明显提高，村容村貌显著提升，管护长效机制初步建立；第二类，包括主城区都市圈中除第一类6区（经开区）以外的其他15个区，到2020年，人居环境质量得到较大提升，90%左右的村庄生活垃圾得到治理，卫生厕所普及率达到85%左右，生活污水乱排乱放得到管控，村内道路通行条件明显改善；第三类，包括渝东北地区、渝东南地区17个区县，到2020年，人居环境达到干净整洁的基本要求，村庄内垃圾不乱堆乱放，卫生厕所普及率逐步提高，污水乱倒现象明显减少，杂物堆放整齐，房前屋后整洁。按照中央部署，以村为单元分三档实施：第一档，做到村容村貌干净整洁，达到“三清一改”村庄清洁行动标准，到2020年所有村全部完成；第二档，在干净整洁的基础上，进一步完善道路、污水治理等基础设施和公共服务，到2020年相当一部分村要实现；第三档，建成美丽乡村，基本实现生态宜居的目标，到2020年大部分村实现。

第三要聚力抓好6项重点任务落地。2019年，新建改造农村户厕37.5万户、农村公厕1000座，农村卫生厕所普及率达到78%；行政村生活垃圾有效治理率达到93%；新建生活污水管网1790千米，完成100个乡镇污水处理设施技改；完成农村危房改造4.68万户，基本消除建卡贫困户危房，实施旧房整治15万户；新建通组公路1.6万千米、入户道路4000千米，安装路灯15万盏；完成40万头生猪当量畜禽养殖污染治理设施配套建设，秸秆综合利用率达到84%、废弃农膜回收利用率达到72%。

第四要持续推进村庄清洁行动。在巩固2018年底以来实施的村庄清洁行动春季战役成果基础上，以“清脏”“治乱”为重点，持续推进村庄清洁行动夏季战、秋季战、冬季战，广泛深入动员，引导农民群众自己动手打扫卫生、美化家园。突出抓好农村的门口、路口、村口、溪口“四口”等关键点，屋边、路边、水边、田边“四边”等重点区域，做到常打扫、常清理。尤其是抓好国庆节这一重要时间节点，组织动员干部群众广泛开展大扫除、大清洁，以焕然一新的村容村貌迎接新中国成立70周年。

第五要加快完善长效运行管护机制。一是发挥好村级各类组织作用，鼓励农民投工投劳，构建农村人居环境整治工作民事民议、民事民办、民事民管、民事民享的多层次协商格局。二是积极引导制定村规民约，明确农民群众责任和义务，逐步培育群众责任意识和付费意识。三是探索建立专业化市场化的建管运营机制，支持社会化服务组织提供污水处理、垃圾收集转运等服务，确保各类设施建得起、用得上、管得好，并长期稳定运行。

第六要着力培养农民群众良好生活习惯。进一步增强村民主人翁意识，推进农村人居环境整治由“要我建、要我改”向“我要建、我要改”转变。将其纳入文明村镇、文明家庭等群众性精神文明创建活动的重要内容，积极开展文明院落、清洁户评选等活动。扎实组织开展“巴渝巾帼文明乡风行动”“巾帼志愿服务”等活动，充分发挥妇女同志在引导家庭良好习惯养成的主导作用。深入推进村庄清洁行动进校园宣传活动，发挥“小手牵大手”作用，通过学生的良好行为影响家长不良习惯的改变。

第七要强化组织保障。一是完善组织领导体制。全面落实“五级书记”一起抓、党政领导共同抓的领导推动机制，压紧压实各级党政领导责任。二是健全资金投入机制。重点从争取中央投入、调整部门支出结构、安排地方政府债券等方面加大投入力度，2020年市级设立农村人居环境整治专项，加强涉农资金统筹整合，提高财政资金使用效率；通过政府购买服务等方式鼓励引导社会资本参与，多管齐下解决农村人居环境整治资金问题。三是强化督促指导。把农村人居环境整治工作纳入区县年度考核，加强“月通报、季排位、半年督查、年终考核”工作机制的落实，确保各项重点任务月月有进度、年年有成效。

二、城市宜居环境建设

（一）宜居城市的环境系统

宜居城市是一个由自然物质环境和社会人文环境构成的复杂巨系统。其自然物质环境包括自然环境、人工环境和设施环境三个子系统，其社会人文环境包括社会环境、经济环境和文化环境三个子系统。各子系统有机结合、协调发展，共同创造出健康、优美、和谐的城市人居环境，构成宜居城市系统。

宜居城市的自然物质环境包括城市自然环境、城市人工环境、城市设施环境三个子系统。其中城市自然环境主要包括美丽的河流、湖泊，大公园，一般树丛，富有魅力的景观，洁净的空气，非常适宜的气温条件等；城市人工环境主要包括杰出的建筑物，清晰的城市平面，宽广的林荫道系统，美丽的广场，艺术的街道，喷泉群等；城市设施环境主要包括城市基础设施和城市公共设施，如便捷的交通，完善的公共卫生和医疗设施，众多的高等院校，杰出的博物馆，重要的历史遗迹，多种图书馆及美好的音乐厅，琳琅满目的商店橱窗，街道的艺术，满足多种游憩要求的大游乐场，多样化的邻里环境等。

宜居城市的社会人文环境包括城市社会环境、城市经济环境和城市文化环境三个子系统。其中城市社会环境主要包括和谐的社会交往环境，完善的社会保障网络，牢固的公共安全防线，亲和的社区邻里关系，良好的城市治安环境等；城市经济环境主要包括充足的就业职位，较高的收入水平，雄厚的财政实力，巨大的发展潜力等；城市的文化环境主要包括完善的文化设施（如博物馆、音乐厅、图书馆、体育馆、科技馆、歌剧院等），浓郁的文化氛围，充足的教育资源（包括大专院校、中小学、职业技术学校、继续教育机构等），及丰富多彩的文化活动（如艺术节、运动会、各种展览等）。

宜居城市的自然物质环境为人们提供了舒适、方便、有序的物质生活的基础，而社会人文环境则为居民提供了充分的就业机会、浓郁的文化艺术氛围，以及良好的公共安全环境等。当然，城市自然物质环境和社会人文环境的界限不是绝对的，两者相互融合，构成一个有机的整体。城市自然物质环境是宜居城市建设的基础，城市社会人文环境是宜居城市发展的深化。城市社会人文环境的营造需要以城市自然物质环境为载体，而城市自然物质环境的设计则需要体现城市的社会人文环境的内容。

（二）宜居城市的国内外实践

城市的宜居性，在物质条件日益丰富的当今世界，依然是个严峻的问题，甚至在城市化进程不断推进的过程中被加剧。随着世界逐渐过渡到城市社会，诸如环境污染、资源短缺、交通拥堵、住房紧张和垃圾剧增等“城市病”爆发，迫使各国对城市的居住环境进行改善，在建设宜居城市实践中做出更大努力。

1976 年，联合国首次召开城市和人居环境议题的全球峰会，之后每 20 年举办一次。2016 年 10 月，将以“紧凑型可持续城市，迈向更美好的生活”为主题，举办第三届联合国住房和城市可持续发展大会，重振对于可持续城镇化的承诺，通过《新城市议程》，为今后 20 年世界城市的发展确立目标和方向。

国外的宜居城市，如温哥华、新加坡和哥本哈根等，在各自的“硬环境”和“软环境”上下足了功夫，从而以“宜居”闻名于世。我国的宜居城市建设实践，从《北京城市总体规划（2004—2020）》首次将宜居城市作为城市建设的目标开始，在其示范作用和先导效应下，国内已有近 200 个城市以宜居城市作为发展的新目标。

我国的宜居城市建设实践的时间虽然只有 10 余年，但取得的成绩显著。如扬州市凭借其成功的旧城保护和对居民居住环境的大力改造获得 2006 年“联合国人居环境奖”；珠海以其独特的城市格局、优美的自然环境获得了 2013 年“中国十佳宜居城市”的称号。但也存在着重硬件轻软件、城市个性魅力不足等诸多问题。

（三）重庆宜居城市建设

第一在于城市公园。重庆是工业城市，重庆市从 1985 年起就开展了“园林三创”，探索出“社会办园林，园林社会化”之路。主城公园随即遍地开花，从 1978 年的 9 个增加到 2020 年的 553 个。石门公园、市花卉园、鹅岭公园等一大批公园相继免票开放。经财政投资提档升级的南山植物园、鹅岭公园还在国家重点公园行列。市内还建设成了不少免费开放的生态小游园。

第二是绿化覆盖面积。森林工程也惠及农村，如市园林局曾在璧山开建花卉苗木基地。2008 年的主城区人均公园绿地，已由 30 年前人均 0.61 平方米，增至 9.92 平方米，主城区已基本达到国家园林城市标准。2008 年时，重庆便规划到 2013 年，主城区达到生态园林城市标准，城市建成区绿地率达 38% 以上，绿化覆盖率达 42% 以上，人均公园绿地达到 12 平方米以上；到 2016 年，重庆主城区要建成国家最佳宜居环境城市。越来越多的重庆市民纷纷通过微信、微博、论坛等平台晒图发帖，分享“蓝天白云下，巍巍重庆城，湛湛长江水”的美景，并给图中的蓝天起了一个诗意的名字：重庆蓝。“重庆蓝”的出现频率越来越密，侧面反映出重庆市加快推进生态文明建设，推动环境质量改善，让老百姓感受到了看得见、感受得到的生态文明建设成果。2019 年的主城区人均公园绿地面积增至 16.49 平方米。

第三是整体生态文明建设任务的对象扩展。2014 年 11 月，重庆市吹响生态文明建设的“集结号”，将 194 项生态文明建设任务一一落实到 47 个市级部门和区县（自治县、经开区），涉及环保部门的任务有 126 项（其中牵头 71 项，作为责任单位 4 项，配合 51 项）。环保成为生态文明建设的主战场，环境质量成为衡量生态文明建设成效的重要指标。为了强化生态环保督查考核，重庆市将生态文明建设纳入市委、市政府重点督查内容，其中重点流域水污染防治、主要污染物总量减排都是督查内容。生态环保工作在区县经济社会发展实绩考核中权重增大，并按五大功能区域发展战略实行差异化考核。其中，渝东北生态涵养发展区和渝东南生态保护发展区权重高于 GDP。市环保局开展区县环保部门年度工作评价，生态环保责任得到更好落实，齐抓共管格局加快形成。在生态文明建设各项任务全面完成、生态环保督查考核得到强化的基础上，重庆市生态文明体制改革也在不断深化中。探索排污权制度，党政领导干部生态环境损害责任追究等方面的改革也顺利推进。产权清晰、多元参与、激励约束并重、系统完整的生态文明制度体系逐步建立。

第四是治理各项污染。2015 年，重庆发电厂 2 号机组、攀钢集团钛业公司李家沱工厂、西南合成医药寸滩分厂等一批大气污染重点企业先后搬迁或关闭，以前的污染大户终于不再是市民的“心头痛”。2015 年，重庆市强化总量减排倒逼机制，严格控制主要污染物增量，深入实施工程减排、结构减排、管理减排。通过倒逼落后产能淘汰，重庆市主要污染物排放量持续下降。在强化环评审批和“三同时”管理（建设项目安全设施必须与主体工程同时设计、施工、投入生产和使用）方面，按照深入实施五大功能区域发展战略差异化环保政策，重庆市严格执行产业禁投清单，落实规划和建设项目环评制度。同时，市环保局深化简政放权，不仅承接了环保部下放的涉及火电、钢铁、汽车等 21 项环评审批权限，还按照放管结合原则，将市级环评审批权限 111 项中的 85 项下放区县，并加强监督指导，环评审批提速增效。在促进产业结构调整和优化升级的同时，万州、大渡口、大足、荣昌、垫江等地纷纷成立环保产业园，它们成为各区域经济发展中新的增长点。

第五是建立合理规章制度。从 2015 年 1 月 1 日起，有着“史上最严环保法”之称的国家新《环境保护法》开始实施。2015 年 1 月 7 日，针对某企业拒不改正违法排污行为，市环境监察总队决定每日向其处以 10 万元罚款，共计罚款 110 万元。这也是当时新《环境保护法》实施后，重庆市环保部门执行的首例按日计罚行政处罚。借着新《环境保护法》实施的契机，2016 年，《重庆市环境保护条例（修订草案）》《重庆市大气污染防治条例（草案）》通过市人大常委会一审，重庆市地方环保法规制度体系日趋完善。同时，市、区县公安局、检察院、法院成立了专门的侦办、起诉、审判机构。市高级人民法院、市检察院、市公安局、市环保局建立了环保行政执法与刑事司法联动机制，完善了案件移送、集中办理、联席会议、联合查处、重大案件会商等制度，初步形成“刑责治污”格局。开展了“利剑 1 号”、大气污染防治“百日攻坚”行动等 10 项专项行动，有力打击环境违法行为。“十二五”期间，重庆市查处环境违法案件 7400 余件，其中实施按日连续处罚 43 件。重庆市办理环境污染行政拘留案件 31 起（拘留 27 人）、刑事案件 128 起（采取强制措施 131 人、判决 12 起 18 人）。

第六是重庆市环保监管能力建设也得到了进一步加强。来自市环保局提供的数据显示，2015 年，重庆市 1017 个乡镇全部设立环保机构，专兼职人员从2012年的169人增加到3988人，在全国率先实现乡镇环保机构全覆盖，初步形成“市—区县—乡镇”三级环境监管网络，丰都等部分区县在村（社区）还建立了环保监管员、协管员制度。为了保证基层环保机构的顺利运作，重庆市投入为每个乡镇配备了车辆等执法设备，解决了办公经费，完成了全员培训。同时，重庆市持续开展环保能力标准化建设，环境监察、宣教、辐射安全监管、危废规范化管理等工作走在全国前列。一体化环保物联网在璧山完成试点，逐渐向重庆市推开。

环境保护仅靠政府投入是不够的，还要发挥市场在资源配置中起到的决定作用。2015年6月，重庆市成立了重庆资源与环境交易所，形成市场调节环境资源合理分配和使用的有效机制，建成重庆市统一的交易平台，全年累计完成交易金额1.18亿元。同时，重庆市还成立了重庆环保投资有限公司，破解乡镇污水处理设施资产碎片化和沉淀难题，确保到2017年实现重庆市建制乡镇和撤并场镇污水处理设施全覆盖。2015年，重庆市还设立规模为10亿元的全国第一只环保产业股权投资基金，预计撬动40亿元到50亿元的资本投入生态环保领域。在此基础上，市环保局还通过与人民银行重庆营管部、重庆银监局、经信委等部门（单位）联合建立环保信息共享平台，建立绿色信贷和环境污染责任保险工作机制，提高环境危害大、风险高、易发生污染事件的企业污染治理和风险防范能力。

最后，重庆市的环保建设成果帮助其成为宜居城市。2013年，重庆启动新一轮的“蓝天、碧水、宁静、绿化和田园”五大环保行动。截至2015年，五大行动数据：

“蓝天”行动关闭重庆发电厂等一批重污染企业，主城区基本实现没有燃煤电厂、化工厂、水泥厂、燃煤锅炉和采石场；开展控制扬尘污染“百日攻坚”行动，检查各类扬尘污染源7798个，纠正违规行为9608起，处罚案件2921起；淘汰黄标车19789辆。主城区空气质量优良天数为292天，同比增加46天；其他区县（自治县）城区空气质量均达标。

“碧水”行动全力推进主城区湖库整治民生实事，实施56个湖库整治工作，昔日黑臭水体基本消除；争取到9.97亿元中央资金，开展了长寿湖、玉滩湖等52个生态环保项目。长江干流水质为优，长江支流总体水质为良好，城市集中式饮用水水源地水质达标率100%。

“田园”行动完成1600个行政村农村环境连片整治民生实事，村容村貌更加靓丽。环保部将重庆作为全国农村环境连片整治省级典型区域，在全国农村环境连片整治工作现场会上重庆市做交流发言；编制完成《自然保护区发展规划（2015—2025）》，严格自然保护区规划调整和涉及自然保护区建设项目的生态准入。南川金佛山国家级自然保护区调规通过国家评审，城口大巴山国家级自然保护区调规已获国务院批准。

“绿地”行动强化重金属污染控制，严防重金属污染，地表水国控断面、城镇集中式地表饮用水水源、水环境地表水国控断面重点重金属污染物达标率均为100%。完成35块场地环境风险评估工作，完成6块污染场地原址治理修复工程，治理修复污染土壤18.1万立方米，提供净地116万平方米。

“宁静”行动开展了绿色护考、整治“坝坝舞”、夜间巡查等专项整治，完成35个噪声源的治理和搬迁关停。新增46套禁鸣告示标志。累计创建市级安静居住小区317个，环境噪声达标区1211平方千米。全年噪声投诉3.1万件，同比下降10.5%。主城区噪声达标区覆盖率达92.8%，重庆市声环境质量保持稳定。

2015年，为了拓宽公众参与渠道，让公众走进环保、了解环保、体验环保，重庆市印发了《重庆市环保领域信访问题法定途径清单（试行）》，进一步规范了信访问题办理工作，提高了信访问题办理水平和质量。开展了环保公众开放周活动；承办市人大代表建议和政协委员相关提案141件，办结率、满意率和公开率均为100%；受理多起信访投诉，办结率100%，有效保障群众的环境权益。2016年是“十三五”规划的起始之年，重庆市环保工作也将站在新的高度，进入新的发展阶段。重庆市环保工作认真贯彻落实十八届五中全会和市委四届八次全会精神，严守生态文明建设“五个决不能”底线要求，坚持创新、协调、绿色、开放、共享的新发展理念，按照市委、市政府的决策部署，重点推进生态文明建设、完善生态文明建设“十三五”规划、强化环评审批、加强环保治理能力现代化建设、强化环保督政考核等10个方面工作，为早日把重庆建设成为碧水青山、绿色低碳、人文厚重、和谐宜居的生态文明城市贡献力量。

第三节 资源持续发展

可持续发展是当今发达国家和发展中国家共同追求的理想模式，是实现经济与环境协调发展的明智选择。20世纪以来，随着世界生产力的极大提高，经济规模的空前扩大，人口的急剧增长，资源的过度开发和消耗，污染的大量排放，导致了全球性的资源枯竭、环境污染和生态破坏，对人类的生存和发展已构成了严重的威胁，成为国际社会普遍关注的重大问题。保护生态环境，实现可持续发展，已成为全世界紧迫而艰巨的任务。

一、重庆市生态环境与可持续发展

我国作为发展中国家，也只有走可持续发展道路，才能协调好经济发展与环境保护的关系。随着我国工业化、现代化进程的加快，城市化水平不断提高，由此造成的生态环境问题也越来越严重。在城市的发展过程中，如何与环境保护、生态平衡相结合，实现经济效益、社会效益、环境效益的协调统一，成为一个重大问题。重庆作为我国最大的直辖市，是西南地区和长江上游重要的中心城市，全国重要的工业基地、交通枢纽和贸易口岸。党中央制定的西部大开发战略和开放长江经济带战略给重庆带来了千载难逢的发展机遇，使地处承东启西关键位置的重庆有条件成为开发西部的重要突破口，成为长江上游对外开放的集聚点和辐射点，成为我国新的发展极之一。但经济大开放、大开发、大发展的同时，又使重庆市在可持续发展中面临更大的压力。

重庆市的生态环境污染已十分严重。1995年以来，重庆主城区空气环境污染均居全球十大重污染城市之列，1999年度在全国46个重点城市环境综合整治定量考核排名中，重庆位居倒数第4名，在全国区域可持续发展的环境支持系统指数排名中，重庆列全国各省市倒数第三。严重的环境污染已成为制约经济社会可持续发展的重要因素，损害了重庆作为长江上游经济中心城市和内陆开放城市的形象。从2001—2010年，是重庆市现代化建设的关键时期，在经济快速发展的同时，实施可持续发展战略，切实控制环境污染，改善居民生存环境，保护市民身体健康，是重庆市现代化建设的一项重要任务。且三峡库区85%在重庆所辖范围，重庆市又位于三峡水库库尾，这种大型工业城市坐落在超大型水库上游的情况，在世界水利史上是绝无仅有的。因此，加强重庆市的环境保护和生态建设，对于根治长江水患，确保三峡库区和整个长江流域的长治久安，实现经济社会的可持续发展都意义重大、影响深远。

二、重庆市主要生态环境问题

一是废水排放量大，城市污水处理率低，水质污染较突出。重庆市2018年排放废水20.78亿吨，其中工业废水2.08亿吨；生活污水18.69亿吨，集中处理率为93.5%。2017年长江、嘉陵江和乌江水质监测表明，长江干流总体水质为优，15个监测断面中，Ⅰ—Ⅲ类水质的断面比例为100%，长江支流196个监测断面中，Ⅰ—Ⅲ类水质的断面比例为82.6%，满足水域功能要求的断面占86.7%；嘉陵江流域47个监测断面中，Ⅰ—Ⅲ类水质的断面比例为68.07%；乌江流域21个监测断面中，Ⅰ—Ⅲ类水质的断面比例为90.52%。

二是工业固体废物、生活垃圾产量大，大气污染严重。2018年重庆市产生工业固体废物2454.75万吨，排放量647.78万吨，综合利用率仅60.98%，工业固体废物历年累计堆存量达3000余万吨，多数就地堆积，大量占地，部分排放江河。重庆市各城市生活垃圾年产量549.23万吨，基本能做到清运出城进行简易处理，无害化处理率仅为88.82%。

三是重庆市的环境空气质量属烟煤型污染，二氧化硫为首要污染物。2017年，主城区年平均空气质量属较重污染，空气中二氧化硫、氮氧化物和PM2.5年日均浓度分别为12微克/立方米、46微克/立方米和45微克/立方米，分别情况为达标（国家环 境空气质量二级标准）、超标0.15倍和超标0.29倍；全市降水PH平均值为5.59，酸雨频率15.3%，其余郊区城镇都有不同程度的环境空气污染。

四是水土流失严重，人均绿地较少。据重庆市水土流失调查资料统计，2019年，重庆市水土流失面积达2.54万平方千米，占区域面积的30.83%，全国水土流失面积 271.08 万平方千米，重庆水土流失面积高于全国 28.24% 的平均水平。水土流失使土地蓄水保土持肥的能力显著降低，加重洪害涝灾，诱发泥石流、滑坡、崩岩等山地灾害的发生。2018 年，重庆市主城区人均绿地 16.55 平方米，全国城市人均公共绿地 14.11 平方米。重庆人均绿地面积较前些年来说有所增加，但尚未处于较高水平。

五是自然灾害频繁，尤其是地质灾害严重。对生态环境破坏较大的自然灾害主要有干旱、暴雨、洪涝、冰雹、阴雨和地质灾害，其中干旱、洪涝和地质灾害的危害最大。据 2017 年调查资料，重庆江津市伏旱发生率高达 85%，合川市伏旱发生率高达 91%，一般持续 30 ~ 50 天，最长达 70 天以上。此外，重庆夏旱发生率也达到了 30% ~50%；暴雨型洪灾时有发生，对农田、水利、交通、通信等设施的毁损严重；同时，重庆市又是全国地质灾害严重发生的地区之一，在全国危岩崩塌灾害最严重的 70 座城市中，重庆居首。

六是生态失衡严重，生物多样性不断减少。生物多样性是生态平衡的重要指标和生态建设的重要内容。据统计，2019 年，重庆市动植物资源约 6000 余种，约占全国动植物种类的 15.46%，但生物种群赖以生存的森林覆盖率较低，绝大多数县的森林覆盖率为 50% 左右，但较多植被处于逆向演替状态，即由森林→灌丛→草丛→裸岩方向退化。海拔 1000 米以下原始森林残存无几，一些动物猛禽数量明显下降。再加上三峡水库形成后会使许多珍稀濒危植物的原产地和动物栖息地将受到不同程度的淹没或破坏，直接威胁物种生存，加速濒危。生态恶化势头如不能有效制止，极可能造成无法挽回的灭绝。

三、重庆市生态环境问题溯源

以原煤为主的能源消费结构，重庆市能源消费结构中，曾达到过煤炭占 74%，原煤储量中，中高硫煤占 96%，多数煤矿属国务院明令限产和关停的含硫成分大于 3% 的矿井。2018 年，重庆市耗煤 4050.94 万吨，每年排入大气环境的工业废气达 11443.77 多亿立方米，二氧化硫 13.20 万吨，烟尘和工业粉尘 6.41 余万吨。由燃煤引起的大气污染物占大气污染物排放总量的 80% 以上，构成典型的煤烟型大气污染。

（一）产业结构失衡

工业布局的不合理。重庆市产业结构不合理的矛盾十分突出，如2018年，第一、二、三产业占国民经济的比重为6.77 ∶ 40.90 ∶ 52.33。第一产业的产业化程度低，优质高效农产品少，农副产品深加工综合利用不够；第二产业的重工业、传统产业、国有工业比重过大，高新技术产品少，整体竞争力不强，经济效益不高；第三产业的市场化程度低，现代服务业少，旅游业发展缓慢。重庆作为我国的老工业基地，工业基础虽雄厚但技术水平低，工艺和装备陈旧落后，技术改造缓慢，工业生产耗能高、物耗大、排污多；再加上亏损企业多，企业排污治理难度大。又由于历史和地形条件的限制，重庆市工业企业多沿江沿河布局，在布局工业企业时没有注意城市风向和保护饮用水水源。在城市上风向有冶金、氯碱化工等重污染企业，饮用水源上游有冶金、农药、化工、制药、肉类加工企业，对城市大气水体环境构成交叉污染。布局分散的工业企业2万余家，给污染的集中控制带来极大的困难。另外部分中小企业与居民区混杂，也加大了治污难度。

（二）环保投入严重不足

2018年，重庆环保投资额367.78亿元，约占同期国民生产总值的1.81%；2019年重庆市工业污染治理资金为797.25万元，约占同期国内生产总值的3.37%，占比相对来说有所提升，但与北京、上海等地环保投入额还是有所差距。再加上三峡工程未做移民环境保护预算，城镇迁建所配套的环保基础设施经费缺口巨大。由于环保资金的缺乏，基础设施建设缓慢，尤其与重庆市环境保护密切相关的污水处理厂、垃圾处理场、下水道管网等设施建设严重滞后。随着城市化进程的加快，污染负荷的大幅增加，城镇环境综合治理难度将进一步加大，公众对改善环境质量的要求日益强烈与环境污染日趋严重的矛盾不断加剧。

（三）生态意识、环境意识、可持续发展意识薄弱

“十三五”期间，三峡库区农业人口比重大，农民改善和保护生态环境意识十分薄弱，往往只顾眼前和局部利益，为求生存，对资源掠夺性开发。各级地方政府决策者，为了追求经济高速发展，忽视生态环境建设，有的地方甚至以牺牲资源环境为代价换取短时的经济高速增长。对项目不进行评估，

环境保护手续往往简化、补办，甚至不办。还有的区县对排污费实行弹性政策，对环境违法行为从轻处理，导致一些区县“十五小”企业关闭不彻底，仍在继续污染环境。

另外由于与环保宣传教育有关的规章制度还较为欠缺，宣传力度不够大，导致基层群众对环保相关的知识较为欠缺，并且对作为环保主体的意识不强，因此对环境改善工作的参与较为有限，也缺少对环境保护工作的支持和理解，这都限制了普通群众参与到环境保护工作中来。

（四）生态环境建设的管理体制不合理

尽管国家颁布了多部与生态环境建设有关的法律，但有法不依，执法不严，甚至知法犯法的现象十分严重。这一方面与管理机构不健全有关，另一方面与管理体制的内在缺陷有关，出现政策失灵、管理失灵。水利部门抓水土保持，林业部门抓森林，农业部门抓生态农业，国土部门抓土地，各级地方政府抓经济发展速度，条块分割，“政策打架”“部门扯皮”。生态环境建设是一项系统性和综合性很强的工程，这种条块分割的管理体制难以从根本上解决生态环境问题。

四、重庆市生态环境建设机遇

（一）西部大开发为重庆的生态环境保护带来的历史机遇

西部大开发战略的实施，给重庆市的环境保护和生态建设带来了历史性机遇，国家已明确指出：加强生态环境保护建设，实施可持续发展战略是实施西部大开发战略的根本和切入点。同时在西部大开发中，加快基础设施特别是城市环境设施的建设，有利于增强城市的环境承载能力，改善城市环境质量。重庆市在西部大开发中的城市道路、供排水、污水处理、垃圾处理、供气等设施建设，有利于改善城市能源结构和空气环境质量，也为城市污水、垃圾的治理提供了机遇。

（二）重庆已被列为全国生态建设重点地区

重庆已被列入全国生态环境建设的重点地区，重点治理重庆市和三峡库区水污染和水土流失，同时加大对三峡库区水资源保护的投入力度，以控制三峡水库的水污染，缓解三峡库区的生态环境现状。重庆市政府也高度重视生态环境保护和建设，成立了重庆市生态环境保护和建设领导小组，对重庆市生态环境保护和建设的重大问题进行决策和协调。截至2000年，重庆有40个区县（市）纳入了全国天然林保护规划，39个区县（市）列入了全国退耕还林还草和生态环境建设综合治理区规划，30个区县（市）开展了长江上游水土流失重点防治工程。

（三）政府的投资力度正逐步加大

2017年，重庆市政府用于节能环保的财政支出为1549499万元，占政府总财政支出的比例为3.57%。2018年，政府用于节能环保的财政支出为1601883万元，占财政总支出比例为3.53%，相比于2014年3.195的占比，用于节能环保的财政支出在逐步提高。重庆市政府在环境保护的支出逐步增长，说明对生态环境建设项目给予充分支持，也特别体现了对三峡库区生态环境保护和建设的关心与支持。

（四）污染源控制政策逐步发挥作用

为贯彻中央人口资源环境工作会议精神，落实“十三五”环境保护目标，重庆市政府继续建立健全以排污许可为核心的固定污染源“一证式”管理制度，通过“摸、排、分、清” 四个步骤，全面摸清全市固定污染源污染物排放状况，排查无证、分类处置、整改清零。推进生态环境领域治理体系和治理能力现代化建设，助力打好污染防治攻坚战，建设山清水秀美丽之地。还对三峡库区内污染严重的企业摸底调查后进行搬迁，这些举措不仅大大减轻了三峡库区的污染，而且为库区发展新的经济支柱产业腾出了空间。

（五）生态环境建设序幕已经拉开

“十三五”期间，按照习近平总书记提出的“生态优先，绿色发展”和“共抓大保护、不搞大开发”理念，全力推动市内生态环境保护工作，提高生态环境质量。2018年，重庆市完成营造林640万亩，其中实施退耕还林156万亩，封山育林95万亩，退化林修复150万亩；2018年森林覆盖率达48.3%，治理水土流失面积1866.56平方千米，实施生产建设项目水土保持方案1074个，明确水土流失防治范围182.36平方千米，城乡生态环境显著改善。到2020年，重庆基本建成碧水青山、绿色低碳、人文厚重、和谐宜居的生态文明城市。

五、重庆市生态环境建设面临的挑战

突出的人地矛盾将加速生态环境恶化。重庆既是大城市，又是一个拥有1700余万农业人口的城市，耕地资源不足，人地矛盾十分突出。重庆市农村人均耕地0.14，且多为25°以上的陡坡地，土地垦殖率高，土地后备资源贫乏，随着人口自然增长和各种开发建设活动的增加，特别是三峡工程的城镇、企业搬迁以及大量移民就近后靠，开垦坡地，加剧植被破坏，水土流失和生态恶化，本身就十分突出的人地矛盾更加尖锐，环境资源受破坏的现象仍将继续发生。这对重庆来说，既是一个现实问题，也是一个在未来一定时期内长期存在的影响可持续发展的难题。

三峡库区成库后，重庆段的水污染问题日趋突出。整个三峡水库形成长600余千米，水面面积达1084平方千米，蓄水近400亿立方米的巨大水库。库区江河将由流速快、流量大的河川变成流速缓慢、滞留时间长、回水面积大的人工湖，水环境的巨大变化使水体稀释自净能力减弱，水环境容量降低，水中污染物浓度增加。三峡库区成库后，长江岸边污染带将加宽0.85倍，嘉陵江加宽，带内污染物平均浓度增加，其综合评价指数由建库前的污染级变成重污染级，如不及时防治和消除，将加重库区水环境的污染甚至导致疫病的大流行。

城市化进程的加快，加大了城市环境的压力。重庆市的城市化率不断上升，数百万农业人口将进入城市，小城镇建设加快。在城镇规模扩大的同时，因不加强环境保护，城镇生活污水和生活垃圾的污染加重。又由于乡镇企业基本上处于原始积累阶段，技术水平低，经营粗放，资源能源消耗大，对农村环境的污染和生态破坏更加严重。在小城镇污染、乡镇企业污染日益突出的同时，农业面源污染、农药化肥污染也较严重。

六、重庆市可持续发展的政策措施

早在1994年我国政府颁布的《中国21世纪议程》里，已明确把可持续发展战略作为国民经济和社会发展中长期计划的重要指导方针。而一个城市可持续发展的关键在于保护城市的生态环境，提高城市自然和环境的承载能力。根据重庆市城市生态环境的现状，依照我国的国情，要协调好经济发展与生态环境保护的关系，主要应采取以下几方面的措施：

统筹规划、综合决策，实施可持续发展战略。要把生态环境保护和建设作为经济社会发展的重大决策之一，作为西部大开发的根本和切入点。在进行区域开发、资源开发以及产业结构和生产力布局调整时，必须坚持经济发展与环境保护相统一，合理利用自然资源，以生态建设确保经济的可持续发展，以经济发展来进一步促进生态环境建设。倡导“在保护中开发，在开发中保护，预防为主，保护优先”的可持续发展原则。

建立健全合理的利益机制、增加环境保护和生态建设的资金投入。环境问题产生的根源在于经济的外部性，污染者对环境造成的损失没有通过市场反映在生产成本中，直接加剧了资源的浪费和环境的恶化。因此可利用经济政策，通过行政手段和市场机制，把由于物质利益不一致造成的经济外部性，内化到各级经济分析和决策过程中。首先，可建立合理的资源环境价格体系，自然资源价格应包括开采成本和资源耗竭成本（使用成本）在内的全部成本，环境价格应包括治理污染成本和污染所造成的损害成本，并强化污水、垃圾等污染物处理收费制度。通过合理的价格机制，约束污染者的排污行为，引导自然资源可持续利用。其次，在利益机制上，应把生态建设和经济建设结合起来，坚持“谁造谁有，合造共有”“谁受益，谁补偿；谁破坏，谁恢复”政策，并把这些政策细化，便于实施。再次，对天然林保护、退耕还林等给农民和企业造成的利益损失进行补偿，以提高他们对生态环境建设的积极性。

按照投资多元化、运行市场化的原则，多渠道、多层次、多方位筹集资金。切实增加生态环境保护和建设投入，逐步提高其占同期国内生产总值的比重。同时制定优惠政策，加大招商引资力度，鼓励外商和国内各种社会资本投入。

结合产业结构调整。加大污染源治理力度，结合工业结构调整与技术进步，采取控制企业污染物排放总量与浓度，加快工业污染源限期治理进度。通过取缔、关停重污染源，淘汰国家禁止的设备和工艺，推行清洁生产。禁止技术含量低，污染严重的企业进入市区，以防新的污染。同时，还可实施区域污染物总量控制和浓度控制，并定期公布各控制断面监测结果，严格其目标考核。

加强面源污染的治理。重庆市的面源污染主要源于农药、化肥污染和畜禽粪水，对水体污染的负荷重。控制面源污染的关键在于控制水土流失，提高农药与化肥的产品质量及利用率，大力发展绿色食品等。

依靠科技进步，增强重庆市环境保护和生态建设的科技支撑。重点围绕生物工程、生物多样性保护、生态系统恢复和重建、三峡库区生态环境综合治理等方面的高新技术和先进适用技术，进行引进、消化、吸收、开发和推广应用。开展不同地质地貌、水热条件和植被地带分布的生态适宜性研究，科学确定林草结构、种类和模式，做到宜乔则乔、宜灌则灌、宜草则草、乔灌结合。同时加强对三峡工程蓄水成库后库区生态环境变化、影响及对策研究。

建立健全生态环境预防监测体系。重庆区域幅员辽阔，但崇山峻岭且交通不便，每年因暴雨、洪水特别是突发性洪灾对生态系统的破坏和影响最为直接，对居民安全的威胁也最大。随着电话通信网的普及，建立一套现代化的、利用卫星适时数据的自然灾害预警系统已成为当务之急。联合国和一些发达国家在这方面探索了许多先进经验，我国也具有了非常先进的气象预警能力。通过加强生态环境及自然灾害预警的国际交流与合作可以迅速提高区域灾害预警能力，帮助减灾防灾。同时，还应建立和完善重庆市统一的生态环境监测系统，逐步改变农业、环保、气象各自独立作战，效率低下的环境监测体系。可结合预警系统的高度统一、适时等性能要求，逐步建立和完善覆盖重庆市并可与全国联网的生态、环境的地理信息管理系统的动态数据库。可建立重点检测网络，使重庆市的水质、水域生态、重大气象灾害、地质灾害得到有效监控。

大力发展环保产业。重庆市目前环境污染严重，需建设的基础设施和重点工程项目多，环保市场容量大，为发展环保产业提供了有利条件。发展环保产业是经济社会可持续发展的客观需要，是增强重庆市综合经济实力和竞争力的必然选择，应把环保产业列为优先发展领域，争取成为新世纪的支柱产业和新的经济增长点。为加强三峡库区污染治理力度，原国家环保总局、国家计委已批准在渝建立国家环保产业发展基地。

加强环境法制建设，依法保护和建设生态环境。首先，需要健全法律法规，形成生态环境保护和建设较为完善的法律法规体系，做到有法可依。其次，需要加大执法力度，依法查处各种破坏生态环境的违法犯罪行为，全面停止天然林商业性采伐，加强林业、水保、农业环境、土地和矿产资源等的执法队伍建设。再次，需要加强对生态环境保护和建设执法行为的监督，各级纪委、监察部门对各个行业主管部门生态环境政策法规执行情况进行纪检、监察，对应追究责任的，要按照有关规定严肃查处，依法加大监督管理的力度。

第四节　绿色金融创新

一、五大任务

绿色金融，是指为支持环境改善、应对气候变化和资源节约高效利用的经济活动。即对环保、节能、清洁能源、绿色交通、绿色建筑等领域的项目投融资、项目运营、风险管理等所提供的金融服务。对重庆而言，推进绿色金融的重点无疑是结合长江上游水资源保护和产业转型两大任务。在党的十九大报告中，“发展绿色金融”被作为“推进绿色发展”的重要内容明确提出。金融是现代经济的血脉，发展绿色经济自然需要以绿色金融作为支撑。2016 年 8 月，央行等七部委印发《关于构建绿色金融体系的指导意见》，使得中国成为构建系统性绿色金融政策框架的国家。2017 年 6 月，国务院批准新疆、浙江、广东、贵州、江西 5 省区设立绿色金融改革创新试验区，绿色金融体系建设的地方试点得以不断深化。

2016 年，金融业在重庆 GDP 中的占比提升至 9.4%，这意味着金融业已经成为重庆经济发展中的重要产业。此外，作为全国拥有金融类牌照较多的省市之一，重庆金融业在发展中一直不乏改革创新之举。在绿色金融这一新兴领域，《重庆市绿色金融发展规划（2017—2020）》正式公布。根据规划，重庆将努力在 2020 年建成绿色金融发展体系。重庆市绿色金融工作将主要完成五方面任务：

一是建立银行绿色金融事业部、绿色基金、绿色评级认证、绿色咨询等多层次绿色金融市场组织体系；二是建立绿色信贷、绿色债券、绿色保险、环境要素交易等多元化绿色金融产品体系；三是建立绿色金融统计、绿色金融信息数据库、绿色投融资和结算等绿色金融基础设施体系；四是建立绿色信贷和绿色债券等绿色金融政策支持体系；五是围绕产业升级和水资源保护，建立特色高效的绿色金融市场运作体系。

二、两大课题

在绿色金融体系建设地方试点中，新疆、浙江、广东、贵州、江西5省区已探索差异化试验，各有特点，各有侧重。从各自的特色和侧重来看，浙江和广东的共同特点是经济和金融业比较发达，同时作为东部省份，产业转型升级实现绿色发展的需求非常迫切；贵州省和江西省的共同特点是绿色资源比较丰富，但又属于经济后发地区，重点是绿色金融如何重点支持好有机现代农业、都市现代农业等；新疆突出的特点是位于丝绸之路经济带的核心区，所以需要充分发挥好建设绿色丝绸之路的示范和向外辐射作用，通过加大绿色金融的支持力度，来探索实现可持续发展的新模式。虽然不属于绿色金融体系建设的地方试点，但重庆制定绿色金融发展规划也同样要紧密结合重庆的区域位置和产业定位需要。发展的绿色金融最终目的是要推动当地加快转变经济发展方式，实现资源集约利用和可持续发展。

重庆是长江上游的中心城市，长江流经重庆段里程达到679千米。如何在发展中把“修复长江生态环境摆在压倒性位置”“共抓大保护、不搞大开发”是重庆在生态文明建设方面的首要任务。此外，作为传统的工业重镇，重庆的产业格局一度是以“粗黑大”为主。虽然逐渐在培育新兴产业方面成效显著，但整体产业发展上仍面临一定的环保压力。

与其他省市相比，重庆绿色金融改革创新的亮点正是结合长江上游水资源保护和产业转型两大课题，在此基础上，制定差异化的目标任务和政策措施，着重解决对经济转型制约性强、对群众生活影响面大的生态环境问题。重庆将在两江新区试点绿色产业园示范基地建设和在万州区试点长江水源涵养与保护示范区建设作为近期绿色金融发展的重点。作为重庆市绿色金融试验区，万州区正式出台绿色金融试点工作方案，明确要求“两高一剩”（高污染、高能耗、产能过剩）行业严禁新增贷款，其存量贷款要积极稳妥地逐步退出，这标志着重庆市绿色金融相关试点工作进入纵深推进阶段。

三、发展情况

重庆绿色金融一直保持较快发展。2017 年 4 月，重庆市首笔碳配额质押融资业务成功落地。一家化工企业以其持有的碳排放权配额作为部分质押物，向兴业银行重庆分行融资人民币 5000 万元。作为国内首批 7 个碳交易试点城市之一，重庆于 2014 年启动碳排放权交易市场，至 2017 年已有数百家企业纳入碳排放交易市场。

此外，绿色债券也得以在重庆加快推进。截至 2017 年 6 月末，重庆绿色信贷余额已达到 1798 亿元人民币，同比增长 16.05%，较人民币贷款余额的平均增速高约 5 个百分点。同时，重庆丰都国投绿色债券发行资料报送至银行间市场交易商协会，康达环保绿色债券处于立项阶段。

在将企业环境信用记录作为授信重要参考条件方面，重庆 2017 年已实现按月将企业环境违法、环境影响评价、项目竣工验收、清洁生产审核等环保信息纳入金融信用信息基础数据库，截至 2017 年 9 月末，人民银行金融信用信息基础数据库累计采集重庆企业环保信息 2 万余条，其中：环境违法信息 600 余条，环评信息 1.3 万条。

在为重庆企业建设煤气化节能改造等环保项目提供融资方面，重庆还支持银行提供优质的境外融资资源，于 2017 年实现降低企业综合融资成本 0.35 个百分点，实现辖内货物贸易项下包括环保行业在内的 A 类企业，其贸易外汇收入（不含退汇业务及离岸转手买卖业务）可直接进入经常项目外汇账户或直接结汇。

《重庆市绿色金融发展规划（2017—2020）》显示，到 2020 年，重庆绿色经济转型将争取取得明显成效，生态环境质量总体改善，建成长江上游生态文明建设先行示范带的核心区，使重庆成为长江经济带重要的生态屏障。

四、重庆实践

2018 年 4 月，习近平总书记在第二次长江经济带发展座谈会上提出：“推动长江经济带发展，前提是坚持生态优先，把修复长江生态环境摆在压倒性位置。”重庆位于长江三峡库区腹心地带和“一带一路”与长江经济带的联结点上，探索长江经济带“生态优先、绿色发展”新路子十分迫切。全国两会期间，习近平总书记在参加重庆代表团审议时，强调“加快建设山清水秀美丽之地”，要求重庆坚持不懈地走绿色发展之路。

金融是经济的血脉，发展绿色金融成为实现长江经济带绿色发展的桥梁。为此，人民银行重庆营业管理部高度重视、强化组织领导，建立主要负责人牵头抓总的工作机制，并扭住构建绿色金融服务体系这一“牛鼻子”，狠抓规划、路径、资源、联动“四项统筹”，推动绿色金融发展，助力实现高质量发展、创造高品质生活，取得初步成效。狠抓“四项统筹”，构建完善绿色金融服务体系。

重庆地处长江黄金水道重要水域，是西部大开发的重要战略支点，推进长江经济带绿色金融发展需求迫切，但区域绿色金融发展一度面临规划“虚而广”、路径“粗而泛”、资源“散而漫”、联动“惰而怠”等的制约。针对上述问题，为提升绿色金融发展系统性，人民银行重庆营业管理部聚焦绿色金融服务体系建设，狠抓“四项统筹”，以规划统领全局、以路径明确方向、以资源形成激励、以联动形成合力，促进长江经济带绿色发展向纵深推进。

（一）统筹规划，绘制发展蓝图

绿色发展，规划先行。2016 年 8 月，人民银行等七部委出台《关于构建绿色金融体系的指导意见》（以下简称《指导意见》），在全国层面对绿色金融发展做出顶层设计。《指导意见》印发后，人民银行重庆营业管理部自觉提高站位，吃透中央、总行精神，力争从全局谋划一域；同时，结合实际、找准定位，做好区域绿色金融发展规划，力争实现以一域服务全局。在人民银行重庆营业管理部的大力推动下，经重庆市人民政府同意，旨在全面、统筹推进区域绿色金融工作的《重庆市绿色金融发展规划（2017—2020）》（以下简称《发展规划》）和《加快推进重庆市绿色金融发展行动计划（2017—2018）》（以下简称《行动计划》）于 2017 年正式印发实施。

《发展规划》重点围绕低碳产业发展和长江水资源保护两大领域，提出重庆绿色金融发展战略定位。明确到 2020 年，力争建成组织体系多元、产品种类丰富、基础设施完善、政策支持有力、市场运行高效的绿色金融发展体系，建成长江上游生态文明建设先行示范带的核心区，使重庆成为长江经济带重要的生态屏障。《行动计划》明确了2017—2018年各参与单位的主要任务，重点是启动建立两江新区绿色产业园示范基地和万州区长江水源涵养与保护示范区建设。

（二）统筹路径，明确发展方向

重庆集大城市、大农村、大山区、大库区于一体，城乡、区域间发展不平衡不充分特征明显，其绿色金融服务需求也各有侧重。构建完善绿色金融服务体系，既要重庆市联动、整体推进，又要因地制宜、重点突破。人民银行重庆营业管理部明确“1+2+9”发展路径，以商业可持续为原则，以2个示范区建设为重点，以辖区9家人民银行分支机构为依托，推动形成“以点带面、上下联动”的绿色金融发展新格局。

在示范区建设方面，人行重庆营业管理部兼顾重庆市城乡二元结构特点，分别以产业结构、自然资源为切入点，推动2个示范区建设。一方面，发挥绿色金融引导产业结构调整效能提升，在两江新区打造金融支持绿色产业示范园基地，着力从绿色项目库建设、绿色信贷产品和金融服务方式创新、绿色债券融资推动、绿色信息披露等方面，探索推动经济转型升级的有效途径。另一方面，发挥绿色金融支持生态环境改善效能，在万州区打造长江水源涵养与保护示范区，围绕长江水资源保护和涵养，明确区内绿色金融改革创新的思路和重点，构建绿色金融风险补偿基金和绿色项目库，探索推动绿色金融资源精准投放的有效模式。

在促进上下联动方面，重庆营业管理部鼓励和引导辖区9家中心支行、直属支行在重庆市一盘棋前提下，结合当地实际、自主开展形式多样的探索实践。例如，人民银行永川中心支行在荣昌区开展“金融支持畜禽粪污资源化利用”试点，探索绿色信贷对养猪大户畜禽粪污的专项支持计划。又如，人民银行长寿中心支行在工业园区试点“金融支持化工企业合理排放”等绿色金融专项改革创新项目，探索培育化工企业排放回收的市场化主体。

（三）统筹资源，形成发展合力

与传统金融相比，强调人类社会的生存环境利益，把与环境条件相关的潜在回报、风险和成本融入金融经营活动中，是绿色金融最突出的特点。而统筹相关政策资源，构建科学有效的激励约束机制，形成“几家抬”的局面，成为实现金融对社会经济资源引导，促进可持续发展的关键。在这方面，人民银行重庆营业管理部进行了初步探索。一是鼓励绿色信贷投放。着力构建完善的绿色信贷体系，引导金融机构设立绿色专营机构或分支机构，出台《重庆市信贷投向指引》，引导金融机构向绿色项目倾斜，加大绿色信贷投放力度。二是拓宽绿色企业融资渠道。积极推动绿色企业利用多层次资本市场融资，推进银行机构和企业发行绿色债券，推进碳排放权和排污权交易试点。三是完善绿色金融基础服务设施。推动市环保局将企业环境违法、环评等 4 类环保信息纳入金融信用信息基础数据库。制定重庆市企业环境信用评价办法，着力解决制约绿色信贷发展的环境信用评级问题。四是健全辖区金融机构绿色金融考核机制。积极开展全辖金融机构绿色金融评价机制相关课题研究，同时，人行重庆营管部正拟订《重庆市银行业存款类金融机构绿色信贷业绩评价实施细则》，将按季开展绿色信贷业绩评价，并纳入宏观审慎评估，引导金融机构加大绿色信贷、绿色债券投资力度。

（四）统筹联动，凝聚发展共识

推动绿色金融发展，不是政府的“独角戏”，需要企业、公众、金融机构广泛参与。为加强政企联动，人民银行重庆营业管理部积极加强与市金融办、市经济信息委、市交委、市农委等部门的沟通联系，梳理绿色工业、绿色建筑、绿色交通和绿色农业等方面的认证标准和依据，推动开展“银企对接”系列活动，加强绿色金融现场宣传与合作。同时，组建成立绿色金融专家智库，会同兴业银行重庆分行、重庆农商行、农业银行重庆市分行召开绿色金融专题研讨会，探讨绿色金融支持途径，总结绿色信贷政策执行效果，绿色发展共识不断凝聚。

实现“三个加快”，绿色金融发展初见成效。绿色金融产品规模增长加快。一是绿色信贷增长明显。截至 2018 年二季度末，重庆市工业节能节水环保项目、垃圾处理及污染防治项目等绿色项目贷款余额环比增幅均超 6%；碳配额抵押贷款发放 5000 万元，实现零突破。二是绿色债券发行加速推进。发放绿色企业债 40.4 亿元；储备绿色债项目超 30 个，授信金额近百亿元，项目类别涵盖污染防治、资源节约与循环利用、清洁交通、清洁能源等。三是环境要素交易规模持续壮大。自2017年启动绿色金融改革至2018年，重庆市碳排放权成交量超前三年总和；排污权累计成交超2亿元，占前3年成交总额近六成。

绿色金融基础服务设施建设加快。一是开展农村电商结算示范区建设，绿色农业支付结算环境明显改善。截至2018年6月末，黔江农村电商结算示范区实现助农取款服务点与农村电商服务点融合共建同比增长近50%。二是推动市环保局将企业环境违法、环评等4类环保信息纳入金融信用信息基础数据库。截至2018年6月末，金融信用信息数据库累计采集企业环保信息超3万条，同比增长45%。三是依托全口径跨境融资宏观审慎管理，便利煤气化节能改造项目境外融资，降低企业综合融资成本30个基点以上。

绿色金融示范区建设推进加快。一是工作协调机制不断完善。建立了由分管副市长为组长，人行重庆营管部、市金融办、市环保局、市发展改革委、市经济信息委、重庆银监局、市财政局等部门为成员的绿色金融工作协调机制，及时解决绿色金融创新工作推进中的新情况、新问题。二是示范区逐步推进绿色金融创新。两江新区对接第三方绿色认证机构，着手开展绿色项目评级认证，区内绿色项目库建设有序启动。万州区试点绿色金融评价机制，激励金融机构开展绿色金融业务，推动兴业银行万州支行等3家商业银行设立绿色金融事业部，专项营销绿色金融业务。

着力“三个完善”，深化绿色金融服务体系建设。在各方积极推动下，重庆通过绿色金融助力长江经济带绿色发展虽然取得一些成效，但总体上仍然处于起步阶段，相关政策措施、创新机制、试点机制还存在诸多不足之处，应着力“三个完善”，进一步深化绿色金融服务体系的建设。

第一，完善绿色金融发展相关政策措施。一是加快出台重庆市绿色企业（项目）评估认证方案，在此基础上，建立各行业绿色信贷、绿色债券项目支持目录，搭建重庆市环保项目储备库。二是加快研究制定绿色信贷、绿色债券发行的贴息机制，引入政策性担保与信用增进措施，加快设立绿色产业风险补偿基金，形成金融资源绿色化配置政策服务体系。三是加快建立以2个示范区为重点的环境信用信息综合服务系统，打造绿色金融信息共享平台。四是加强绿色金融绩效考核，充分调动各方积极性和主动性。

第二，完善绿色金融产品和服务创新机制。一是推进生态农业领域的绿色信贷产品创新。大力推广畜禽养殖业废弃物收益权、合同节水管理收益权等抵（质）押融资工具和服务。创新排污权、碳排放权、林权、水权等环境权益抵（质）押融资方式。二是支持符合条件的企业发行绿色债券、绿色资产收益支持票据和绿色项目收益支持票据。三是引导保险资金投资绿色环境保护项目，探索绿色企业贷款保证保险。四是推进绿色金融基础设施体系建设，研究建立绿色信贷管理系统。

第三，完善示范区绿色金融试点探索机制。一是鼓励示范区探索绿色金融创新的模式、路径、举措。支持两江新区围绕大数据、智能制造等低碳绿色产业，万州区围绕水资源保护、长江沿岸生态修复等环境保护进行绿色金融创新。二是推动建立三峡库区特色绿色金融市场运作体系。围绕城镇污水处理管网设施建设和长江水源涵养与保护工作，开展绿色金融产品和融资机制创新。

第五章　重庆市区域绿色发展

坚持绿色发展，推动形成人与自然和谐发展现代化建设新格局。坚持生态优先，筑牢长江上游重要生态屏障。据《重庆市污染防治攻坚战实施方案（2018—2020年）》，到2020年，重庆市森林覆盖率达到51%以上，城市建成区绿化率达到42%。城乡环境质量持续改善，全面消除城市建成区黑臭水体，纳入国家考核的42个断面水质优良（达到或优于Ⅲ类）比例稳定达到95.2%以上，重庆市年空气质量优良天数稳定在300天以上。重庆市战略性新兴产业增加值占GDP比重达到15%，科技进步贡献率提高到55%。

第一节　典型区域绿色规划

一、重庆市生态文明建设“十三五”规划

生态文明建设是中国特色社会主义事业的重要内容，是全面建成小康社会的内在要求，是深化拓展五大功能区域发展战略、实现“科学发展、富民兴渝”的必由之路。为加快推进重庆市“十三五”时期生态文明建设，根据《中共重庆市委关于制定重庆市国民经济和社会发展第十三个五年规划的建议》《重庆市国民经济和社会发展第十三个五年规划纲要》《中共重庆市委重庆市人民政府关于加快推进生态文明建设的意见》《中共重庆市委重庆市人民政府关于深化拓展五大功能区域发展战略的实施意见》制定《重庆市生态文明建设“十三五”规划》，相关内容如下。

（一）准确把握加快推进生态文明建设的形势

重庆市委、市政府高度重视生态文明建设和生态环境保护工作，牢固树

立保护生态环境就是保护生产力、改善生态环境就是发展生产力的理念，坚持把加强生态文明建设摆在更加突出位置，坚持把绿色作为重庆市发展的本底，坚持走生态优先、绿色发展之路，提出“五个决不能”的底线要求，认真实施五大功能区域发展战略，深入实施五大环保行动，环境质量持续改善，生态安全得到有效保障，生态文明建设从认识到实践发生深刻变化，重庆市一体化科学发展的良好局面加快形成。同时，重庆市生态文明建设还存在许多问题和难题，离全面建成小康社会目标和人民群众期待还存在较大差距。“十三五”时期是重庆市全面建成小康社会决胜阶段，也是生态文明建设取得重大进展的重要机遇期，要克服困难，把握机遇，加快补齐生态环境短板。

生态文明建设取得积极进展。一是绿色循环低碳发展取得新成效。实施五大功能区域差异化环境政策，严格执行产业禁投清单，产业布局和城市功能布局得到优化，战略性新兴产业增长快于一般工业，现代服务业增长快于传统服务业。关闭搬迁 256 家重污染企业，主城区基本实现“四个没有”（没有钢铁厂、没有燃煤电厂、没有化工厂、没有燃煤锅炉）。推进产业结构调整，提前完成国家下达的“十二五”淘汰落后产能任务。以重点项目和试点示范为抓手，推动循环经济发展，大宗工业固体废物综合利用率达到 83%。抑制高耗能行业过快增长，规模以上工业六大高耗能行业占重庆市规模以上工业能耗比重持续下降。开展可再生能源建筑应用示范城市和绿色生态城区的国家示范建设。大力发展可再生能源和页岩气等清洁能源，非化石能源占一次能源消费比重提高到 13.5%。主要污染物排放量与单位地区生产总值能耗、水耗、二氧化碳排放量均超额完成国家下达的控制任务。2015 年重庆市环保产业产值近 1200 亿元，占全国环保产业总产值的 6.3%。

二是生态保护与建设成效显著。积极推进退耕还林、天然林保护、重点生态功能区建设、水土流失及石漠化治理、矿山恢复与复垦、水源涵养保护与水生态修复、生物多样性、园林绿化等生态保护与建设工程，新增森林面积 963 万亩，森林蓄积量达到 1.97 亿立方米，森林覆盖率达到 45%，累计治理水土流失面积 8560 平方千米。重庆市建成各级各类自然保护区 58 个。在重庆市城乡总体规划等重大规划中强化美丽山水城市建设，各区县（自治县）城乡总体规划及乡镇、村规划中强调生态空间的保护和城乡人居环境品质的提升，生态空间管控的制度体系基本建立。城市公园建设取得明显成效，新建了园博园等一批大型综合公园、社区公园、专类公园和带状公园，基本实现了市民300米见绿、500米见园的目标。成功创建国家园林城市，开展国家水生态文明城市试点、低碳城市试点，重庆市所有区县（自治县）均创建为市级山水园林城市（城区），建成5个市级生态县（区）和一批生态乡镇、生态村。

三是环境质量持续向好。2015年主城区空气质量优良天数达到292天，自2013年执行环境空气质量新标准以来增加86天，细颗粒物（PM2.5）年均浓度比2013年下降18.6%，二氧化硫、可吸入颗粒物（PM10）年均浓度分别比“十一五”末下降66.7%、14.7%，重污染天气保持在较低水平。重庆市地表水水质良好，长江干流水质为优，集中式饮用水水源地水质安全，三峡库区水环境保持稳定。新建各类农村饮水工程15.42万处，农村集中供水率、自来水普及率及水达标率大幅度提升，农村饮水安全问题基本得到解决。主城区56个湖库污染整治进展顺利，完成1600个农村环境连片整治，环境民生实事卓有成效，畜禽养殖污染得到进一步控制。重庆市土壤环境总体安全，声环境、辐射环境质量保持稳定。

四是生态环境安全得到有效保障。重庆市建立了调查与评估、隐患排查整治、事故处置和损害评估机制等环境风险全过程管理体系。深入开展“四清四治”，对清理出来的违法建设、违法排污、环境安全隐患和监管盲点逐一分类整治。重点领域环境风险防范卓有成效，重金属污染防治重点项目完成率达75%，危险废物规范化管理考核达标率达94%，化学品环境风险防控体系建设、核与辐射安全监管得到加强。地质环境灾害防治水平明显提高。强化农业生物资源保护，建成国家级农业野生植物原生境保护区6个，防除外来入侵生物面积230万亩。

五是生态环境保护和管理的基础能力明显增强。累计建成城镇污水处理设施861座，城市污水处理率达到91%；累计建成城镇集中式垃圾处理场61座，城镇生活垃圾无害化处理率达到90%。在全国率先实现乡镇环保机构全覆盖，横向到边、纵向到底的市、区县、乡镇三级环境监管网络基本形成，乡镇环保机构规范化建设加快推进。监管能力标准化建设全面推进，环境监测通过国家认证，市级监察、应急、宣教、信息、辐射等均达到国家标准化建设要求。农村饮水卫生监测体系不断健全，实现所有区县（自治县）全覆盖，建成农业面源污染定位监测国控点20个。生态环境管理信息化、现代化水平得到提升。

六是生态文明法治水平逐步提高。认真贯彻落实新修订的《环境保护法》，全面规范环境行政处罚裁量权。《重庆市环境保护条例（修订草案）》《重庆市大气污染防治条例（草案）》通过市人大常委会一审，修订、出台《重庆市大气污染物综合排放标准》等近20个地方环保标准，环保地方性法规及标准体系日益完善。建立环境保护行政执法与刑事司法衔接机制，市公安局成立了环境安全保卫总队，重庆市高级人民法院在渝北区、万州区、涪陵区、黔江区、江津区设立5个环境资源审判庭，对环境资源案件实行跨区域集中审理，初步形成了“刑责治污”格局，生态文明治理能力和执法监管水平明显提升。

七是生态文明体制改革顺利推进。市委、市政府出台《关于加快推进生态文明建设的意见》。围绕“五个导向”进一步完善生态环保考核办法。水、能源、土地等资源节约集约使用制度不断完善。环保投融资体制改革取得重要进展，成立了重庆资源与环境交易所、重庆环保投资有限公司和重庆环保产业股权投资基金三大功能性平台。环境污染第三方治理、绿色信贷、环境污染责任保险以及水权、碳排放权、排污权等市场机制建设取得突破。在全国率先实行环境影响评价豁免管理。全面执行矿山环境治理恢复保证金制度。产权清晰、多元参与、激励约束并重、系统完整的生态文明制度体系逐步建立。

生态文明建设任务仍然艰巨。一是绿色转型面临诸多困难。重庆市总体上仍处于欠发达阶段，属于欠发达地区的基本市情没有根本变化，经济社会发展不平衡不协调不可持续的问题依然突出，循环经济发展尚未形成较大规模，经济结构、能源结构调整任务依然繁重。到2020年，预计重庆市地区生产总值将达到2.5万亿元，城镇常住人口累计增加200万左右，经济总量不断扩大，人口呈现净流入，城镇人口持续增加，但产业结构的优化调整和环境公共服务水平的提升在短时间内难以实现，工业化、城镇化快速推进仍将面临资源环境约束趋紧的重大挑战。重化工业所占比重仍较大，短期内实现产业结构由“重”转“轻”较为困难，控制能源消费总量、碳排放总量形势严峻；环境质量改善的拐点尚未到来，污染物排放总量仍然高于环境容量。

二是生态环境安全保障压力大。重庆市森林资源总量不足、分布不均、林相单一，森林生态系统保护与建设压力依然较大。重庆市是全国八大石漠化严重发生地区之一和水土流失最严重的地区之一，水土流失、石漠化、开发建设活动造成生态破坏等问题比较突出，地质灾害点多面广。山、水、林、田、湖缺乏统筹保护，生态空间、生物多样性受威胁程度加剧，乱占林地、乱伐林木、填埋河道、生态孤岛等问题易发多发，局部地区生态环境仍然脆弱。渝东北、渝东南贫困地区保护与发展的矛盾比较突出，严守生态保护红线压力大，生态扶贫任务繁重。部分老工业区土壤污染较重，景观和生态修复难。重庆市环境风险源量大面广，三峡库区水环境风险防控难度大。

三是生态环境质量继续改善的难度增大。人民群众对美好生活的向往，对生态环境提出了更高的要求，但目前全面小康社会应有的优质生产生活环境供给不足，与群众需求还存在一定差距。空气污染因子更趋多样化、复杂化，区域性、复合型特征更加明显，主城区 PM10、PM2.5 年均浓度仍然超标，二氧化氮年均浓度不降反升（比“十一五”末上升 15.4%），臭氧在夏季超标明显，部分远郊区县（自治县）PM2.5 超标程度超过主城区。水环境质量“大河好、小河差”的不平衡局面还没有扭转，三峡库区部分支流污染严重，水华现象时有发生，不少流经城镇的河流黑臭问题突出，农村供水整体保障水平与全面建成小康社会要求相比仍然存在较大差距。噪声扰民投诉量仍在高位运行，臭气、噪声、电磁辐射等环境问题引起的“邻避”现象不时出现，“城市病”问题日益突显，人民群众日益高涨的环境诉求与城市精细化管理水平之间的矛盾比较尖锐。畜禽养殖和农业面源污染形势严峻，不少农村沿路、沿河的暴露垃圾比较普遍。重庆市城市绿地规模总量仍然不足，各区县（自治县）城市绿地建设与管养水平发展不平衡，城市园林绿化的生态效益仍有较大提升空间。

四是生态文明制度建设滞后。重庆市生态文明法治体系、制度体系、执法监管体系和治理能力体系还不健全，吸引社会资本进入生态环境治理领域的体制机制和政策措施还不明晰，政府监管职责缺位、越位、交叉错位等问题仍然存在，生态文明体制改革亟待进一步深化。全民参与生态文明建设的动员机制、激励机制、宣传教育机制有待完善，各类受保护区域的生态科学教育和生态文化展示功能发挥不够。

加快推进生态文明建设迎来重要机遇。一是绿色发展成为时代理念。党的十八大把生态文明建设纳入中国特色社会主义“五位一体”总体布局，十八届五中全会通过的国民经济和社会发展“十三五”规划建议将绿色发展作为五大发展理念之一，并把生态环境质量总体改善列为全面建成小康社会目标，生态文明建设已成为全党、全社会的思想指引和行动指南。《生态文明体制改革总体方案》及配套文件密集出台，生态文明建设的顶层设计日趋完善。

二是供给侧结构性改革带来生态环境正效益。随着供给侧结构性改革的推进，重庆市经济发展方式将进一步转变。预计“十三五”期间，火电、钢铁、化工、建材等行业增长速度回落，对资源能源的需求增速将持续下降，经济增速和产业结构调整将从源头上减轻新增排放压力，对生态环境的正效益将逐步显现。

三是长江经济带发展战略带来重要机遇。习近平总书记视察重庆时强调，要把修复长江生态环境摆在压倒性位置，共抓大保护，不搞大开发。重庆作为“一带一路”和长江经济带的联结点，在全国区域发展格局中具有重要地位。中央对长江经济带发展的定位，特别是生态文明建设先行示范带的定位和建设长江绿色生态廊道的任务要求，将推动重庆市生态文明建设进入新的发展阶段。

四是五大功能区域发展战略优化市域发展格局。五大功能区域发展战略是全面落实“五位一体”总体布局和“四个全面”战略布局的载体和平台，是贯彻落实新发展理念的路径选择。深化拓展五大功能区域发展战略，有利于优化重庆市人口、产业与城镇发展布局，从源头解决布局性、结构性问题，推动重庆市生态文明建设。

五是新型城镇化战略为加强重庆市城市生态文明建设提供了科学途径。党中央关于中国特色新型城镇化道路的决策部署，要求将环境容量和城市综合承载能力作为确定城市定位和规模的基本依据，优化生产、生活、生态三大布局，推动形成绿色低碳的生产生活方式和城市建设运营模式，有利于重庆市转变城市发展方式，着力解决“城市病”等突出问题，提升城市生态文明建设水平。

六是生态文明体制改革释放政策红利。修订后的《环境保护法》《大气污染防治法》等法律法规陆续施行，一批新的环境质量标准、污染物排放标准在“十三五”期间全面实施，生态文明建设的法制基础更加坚实。将分散在各部门的国土空间用途管制职责逐步统一到一个部门，将分散在各部门的环境保护职责调整到一个部门，实行省以下环保机构监测监察执法垂直管理制度，是中央已经明确的改革方向，将有效破除生态环境行政管理的体制机制障碍。通过推行生态补偿、环境资源交易、绿色金融等环境经济政策，有利于激励市场主体发挥更大作用。

“十三五”期间，生态文明建设挑战与机遇并存，动力与压力同在，重庆市上下要切实增强紧迫感、责任感和使命感，树立新思维、适应新常态，深刻领会党中央、国务院和市委、市政府的一系列部署要求，充分抓住历史机遇，积极应对各种困难和挑战，集中力量开展生态文明建设，为重庆市人民群众创造更加优良的生产生活环境。

（二）确立基本建成生态文明城市的奋斗目标

高举中国特色社会主义伟大旗帜，全面贯彻党的十八大和十八届三中、四中、五中全会精神，深入贯彻习近平总书记系列重要讲话精神，特别是在推动长江经济带发展座谈会上的讲话和视察重庆重要讲话精神，按照“五位一体”总体布局和“四个全面”战略布局，牢固树立和贯彻落实五大发展理念，全面融入西部大开发、“一带一路”和长江经济带等国家战略，深化拓展五大功能区域发展战略，坚持节约资源和保护环境的基本国策，把生态文明建设摆在更加突出位置，严守“五个决不能”底线，深入推进五大环保行动，着力树立生态观念、完善生态制度、优化生态环境、维护生态安全，切实加强生态文明法治化和治理能力现代化建设，全面提升重庆市生态文明建设水平，确保与全面建成小康社会目标相适应。

坚持生态优先、绿色发展。牢固树立“绿水青山就是金山银山”的理念，坚持尊重自然、顺应自然、保护自然，正确处理好发展与保护的关系，走绿色发展道路，将生态文明建设融入经济、政治、文化、社会建设各方面和全过程，加快形成绿色生产生活方式和人与自然和谐发展的现代化建设新格局。

坚持共抓大保护、不搞大开发。把修复长江生态环境摆在压倒性位置，把实施重大生态修复工程作为优先选项，增强系统思维，涉及长江的一切经济活动都要以不破坏生态环境为前提，以最坚决的态度、最严格的制度、最有力的措施加强长江流域生态环境保护，夯实绿色本底、筑牢生态屏障，保护好一江碧水、两岸青山。

坚持整体推进、重点突破。既按照生态系统整体性、系统性及其内在规律，对各领域、各区域、各生态要素保护和治理进行统筹安排、长远谋划；又立足当前，着力解决对经济社会可持续发展制约性强、群众反映强烈的突出生态环境问题，提出差异化目标和任务，打好生态文明建设攻坚战。

坚持深化改革、创新驱动。充分发挥市场配置资源的决定性作用和更好发挥政府作用，不断深化体制机制改革，建立产权清晰、多元参与、激励约束并重、系统完整的生态文明制度体系。强化科技创新引领作用，积极推广先进适用科技成果，为生态文明建设注入强大动力。

坚持依法保护、依法治理。更加注重法治的引领、推动和保障作用，依法保护和建设生态环境，依法打击污染环境、破坏生态的行为，在法治轨道上推进生态文明建设。

坚持多方参与、社会共治。加强生态文明宣传教育，让生态文明理念深入人心，充分调动企业和人民群众的积极性、主动性和创造性，严格落实政府、企业和公众生态文明责任，在全社会营造良好的生态文明建设氛围，推动生产方式、生活方式和消费模式绿色转型，形成多方参与的生态文明建设长效机制。

到 2020 年，重庆市国土空间和生态格局更加优化，生态系统稳定性明显增强，资源能源利用效率大幅提高，绿色循环低碳发展取得明显成效，生态环境质量总体改善，重点污染物排放总量继续减少，生态文明关键制度建设取得决定性成果，生态文化日益深厚，建成长江上游生态文明先行示范带的核心区，基本建成碧水青山、绿色低碳、人文厚重、和谐宜居的生态文明城市，使绿色成为重庆发展的本底，使重庆成为山清水秀的美丽之地。

五大功能区域生态空间格局更加优化，筑牢长江上游重要生态屏障。构建起科学合理的国土空间格局、城镇化格局、产业发展格局、生态空间格局，划定并严守生态保护红线，全面提升生态系统的稳定性和生态服务功能。重庆市林地面积不低于 6300 万亩，森林面积不低于 5600 万亩，湿地面积不低于 310 万亩，森林覆盖率稳定在 46% 以上，森林蓄积量达到 2.4 亿立方米，森林火灾受害率不高于 0.3‰。城市建成区绿地率达到 38.9%，绿化覆盖率达到 41%，道路成荫率达到 90%。

绿色循环低碳发展水平不断提升，进一步夯实绿色发展本底。产业结构和布局持续优化，重庆市三次产业结构更加合理，服务业增加值比重稳步提高。水资源、能源、土地资源、矿产资源得到节约集约利用。单位地区生产总值能耗、水耗和碳排放量进一步降低，重点污染物排放总量持续减少，完成国家下达的重点污染物总量减排、节能降耗和控制温室气体排放任务，净增建设用地总量控制在 750 平方千米内，大宗工业固体废弃物综合利用率达到 85%，主要资源产出率大幅提升。

环境质量持续改善，三峡库区水环境安全得到有效保障。污染防治水平不断提升，工业污染源全面达标排放，环境质量持续改善，环境安全得到保障。主城区环境空气质量优良天数比率达到 82%，细颗粒物（PM2.5）年均浓度比 2015 年下降 20%，重污染天气保持在较少水平。长江干流水质达到Ⅲ类，重点湖库水质全面改善，污染严重的水体较大幅度减少，城市建成区和重点支流消除黑臭水体，城镇集中式饮用水水源水质安全；所有区县（自治县）污水、垃圾处理到位，建制乡镇（含撤并乡镇）以上污水、垃圾处理设施和工业园区污水处理设施尽快实现全覆盖。全市耕地土壤环境质量达标率不低于现有水平。

生态文明法治水平进一步提高。地方法规标准体系更加健全，执法监管能力明显提升，环境司法保护取得新进展，法治意识不断增强，公众合法环境权益得到依法维护，形成更加良好的生态文明法治环境。

生态文明制度体系日益健全。产权清晰、多元参与、激励约束并重、系统完整的制度体系基本形成，自然资源资产产权和用途管制、生态保护红线管控、资源有偿使用、生态补偿、生态环境保护责任追究和损害赔偿等制度不断健全。完善综合考核评价体系，优化行政监督管理方式和手段，综合运用行政、法律、技术、经济手段和更多运用市场机制推进生态文明建设。

生态文化日益深厚。生态文明宣传教育、文化创建活动广泛开展，全社会节约意识、环保意识、生态意识不断增强，绿色低碳的生产生活方式和消费模式成为政府、企业和社会公众的广泛共识和自觉行动。

（三）严格管控区域生态空间，加强生态保护与修复

深化拓展五大功能区域发展战略，优化城镇生态空间，开展大规模国土绿化行动，划定并严守生态保护红线。将修复长江生态环境摆在压倒性位置，深入实施“绿地行动”和山水林田湖生态保护与修复工程、森林质量精准提升工程，建设长江上游重要生态屏障。推动生态服务功能进一步提升和城乡自然资本加快增值，使重庆成为山清水秀的美丽之地。

优化生态空间格局。构建多维生态空间体系。以长江、嘉陵江、乌江及其支流三大水系生态涵养带和大巴山、华蓥山、武陵山、大娄山四大山系生态屏障为主体，以重点生态功能区域为支撑，以交通廊道、绿色廊道、城市绿地为补充，加快构建“三带四屏”的复合型、立体化、网络化的多维生态空间体系。保护好自然保护区、风景名胜区、森林公园、湿地公园、地质公园、自然遗产地、水源保护区等已经设立的各类受保护区域，保留永久生态空间。保护好以缙云山、中梁山、铜锣山、明月山为代表的城镇周边自然开敞空间，有效分隔城镇，凸显山美、水美、田园美。编制生态空间管控规划，统筹协调城镇发展空间与生态保护红线、基本农田保护线。

强化五大功能区域生态调控。更加注重人口经济和资源环境空间均衡，在区域统筹中全面加强生态文明建设，推动各功能区域特色发展、差异发展、协调发展、联动发展。都市功能核心区着力保护好鹅岭、南山等绿色山脊及长江、嘉陵江水域生态廊道，强化城市绿地、林地、湿地等空间连通，形成绿色生态体系。都市功能拓展区着力保护好缙云山、中梁山、铜锣山、明月山等生态屏障，强化耕地、林地、湿地、建设用地和未利用地的空间集聚，实现城市内外绿地连接贯通。城市发展新区着力加强华蓥山、大娄山等生态屏障保护，促进山水田园错落相间、人与自然和谐共生。渝东北生态涵养发展区突出三峡库区水源涵养，着力实施长江防护林、消落区综合治理、水土流失治理、天然林保护、退耕还林、湿地保护、河道绿化缓冲带建设等工程，加强地质灾害防治。渝东南生态保护发展区突出生态修复和保护，着力实施天然林保护、石漠化治理、退耕还林还草、湿地生态修复、河道绿化缓冲带建设等工程。

建立五大功能区域生态环境联护联治机制。探索建立渝东北、渝东南两个生态发展区与大都市区之间以及流域上、下游之间的横向生态补偿机制，鼓励上下游地区商定跨界断面水质目标和核定补偿标准。探索实施对环境质量不达标的区域或者流域，控制单元实施区域限批、特别排放限值等政策。探索建立行政交界断面水质、水量监测和信息通报机制。完善跨区县(自治县)生态保护协作机制，对跨区县（自治县）的自然保护区、风景名胜区、森林公园等受保护地进行共建、共管。健全区域协作机制，深化对口帮扶，在生态效益共享、生态责任共担方面加强市级统筹。

探索编制统一的空间规划。坚持突出规划的引领作用，坚持重庆市规划“一盘棋”，加快推进法定城乡规划全覆盖和“多规合一”进程，健全统一衔接、功能互补、相互协调的空间规划体系，逐步形成一个规划、一张蓝图。开展资源环境承载力评价，划定城市开发边界，推动国土空间、产业布局、人口规模和环境容量的协调匹配，科学布局生产、生活和生态空间。根据水污染物、大气污染物空间扩散特征，研究划定城市间最小生态安全距离，建设城镇间的生态缓冲带，留足绿色空间。加强对城市规划中用地布局、环境保护等内容的技术审查，依法开展规划的环境影响评价。

大力推进绿色城镇化。优化资源配置，强化资源环境承载力的刚性约束，构建城镇组群发展与点状开发相结合、山水田园相间隔的城镇布局新形态。尊重自然格局，依托现有山水脉络、气象条件等，合理布局城镇各类空间，实行绿色规划、绿色设计、绿色施工，尽量减少对自然的干扰和损害，严禁移植天然大树进城。开展长江、嘉陵江及40条一级支流河道保护线外侧城镇规划建设用地区域内的绿化缓冲带建设。保护城市天际线、山脊线、水际线，加快推进美丽山水城市建设，彰显城市特色风貌，保护传承历史文化。

划定并严守生态保护红线。划定生态保护红线。环保部门要依法在重点生态功能区、生态环境敏感区和脆弱区等区域划定生态保护红线，严格控制开发强度与规模，确保水源涵养、生物多样性维护和土壤保持等重要生态功能得到有效保护，生态保护红线面积不低于国家要求。林业、农业、国土、园林等部门要按各自管理的生态要素划定林地、森林、湿地、耕地、草地、城市绿地等领域红线，严格自然生态空间征（占）用管理，实现山水林田湖整体生态功能的最大化，为保护生态功能提供有力支持。各区县（自治县）要在更高精度上细化落实重庆市生态保护红线的边界范围，在人群活动比较频繁的区域，应设置生态保护红线界桩、标识。生态保护红线一经划定，必须严格执行，未经法定程序不得随意修改。

加强生态保护红线管控。编制或调整经济社会发展规划、土地利用总体规划、城乡总体规划和旅游度假、矿产资源、交通等其他开发建设专项规划，应当充分对接生态保护红线管控要求。坚持保护优先、自然恢复为主的基本方针，实行环境准入负面清单制度，严格管控生态保护红线区域内的开发建设活动，确保生态功能不降低、面积不减少、性质不改变。明确各级政府对辖区生态保护红线保护的主体责任，分解落实政府各部门对生态保护红线的过程保护与日常监管责任，突出环保部门的划定、修改、评价、信息发布等综合管理责任。强化生态保护红线执法监管，加大对红线区域内违法建设活动以及毁林、捕猎、毁绿占绿等破坏生态环境行为的查处力度。完善生态保护红线区域内现有工矿企业退出的补偿政策。

完善评估考核和补偿制度。建立生态保护红线管控绩效评估制度，将评估结果纳入区县（自治县）经济社会发展实绩考核。完善纵向和横向相结合、财政资金补偿和市场化补偿相结合的多元化生态补偿机制。完善转移支付政策，建立以结果为导向、以因素分配为依据的转移支付机制，实现转移支付金额与生态保护红线区域面积及保护绩效挂钩。

保护重要生态系统。保护与修复森林生态系统。围绕构筑长江上游重要生态屏障目标，以渝东北生态涵养发展区和渝东南生态保护发展区森林生态系统保护与建设为重点，夯实都市功能核心区和都市功能拓展区森林生态基础，加强城市发展新区森林生态支撑作用，全面实施新一轮退耕还林、天然林保护、低效林改造、城市群森林生态空间提升、美丽乡村绿化、山地生态修复、森林质量精准提升等工程，提升重庆市森林资源监测水平，加强森林火灾防控体系和林业有害生物防控体系建设，增强全域生态涵养和保护功能。

加大大巴山、华蓥山、武陵山、大娄山四大山脉的生态修复力度，推进长江、乌江、嘉陵江三大水系生态屏障建设，完善主城区周边、区县（自治县）城市规划区和重点场镇周边的城周生态屏障带建设，以高速公路、国（省）道、铁路及石油天然气管道周边为重点，建设生态景观廊道体系。大力调整优化林种、龄组、林相等系统结构，提升森林生态系统稳定性，增强涵养水源、保持水土等生态系统服务功能，夯实林木种苗基础，加速造林良种化进程。全面停止天然林商业性采伐。

保护与恢复湿地生态系统。运用湿地公园和湿地自然保护区两大载体，对重要水源地、典型河流湿地、水生野生动物和重要经济水产种质资源划定保护范围，构建湿地生态网络体系。突出渝东南、渝东北地区湿地自然保护区建设，加大渝东北生态涵养发展区以长江为纽带的湿地带建设力度，强化渝东南生态保护发展区湿地生态修复和减载减压，加快都市功能核心区、都市功能拓展区和城市发展新区湿地公园建设。加大功能减弱、生境退化的各类湿地的修复力度，推进已破坏湿地生态系统的功能重建与恢复，重点推动三峡库区消落带治理和示范建设。开展退耕还湿、退养还滩。继续开展河湖健康评估。依托现有稳定的湿地生态系统，推动湿地生态产业发展，打造全国湿地综合利用示范区。2020 年，重庆市湿地面积不低于 310 万亩。

保护与改良农田生态系统。完善耕地占补平衡制度，严控建设用地占用优质耕地。加快高标准基本农田建设步伐，加大日常管护力度，加强旱地农田、果园、菜园等农田生态系统的保育以及退化农田的改良修复。以城市发展新区和渝东北生态涵养发展区为重点，实施保护性耕地保护示范工程，建立一批农田保护性耕作示范区。

抢救性保护濒危野生动植物。全面开展物种资源详查，推进大巴山、武陵山、金佛山、四面山等生物多样性关键区域的陆生物种资源详查，开展“三江”干流、大宁河、任河、澎溪河等流域以及长寿湖、大洪湖、小南海等湖泊水库的水生物种资源调查。完成国家重点保护濒危及特有野生动植物专项调查、水生物种资源调查评估和动植物区系编目更新，建立完善重庆市物种资源数据库。到 2020 年，建成 2 个国家级野生植物异地保护植物园和 20 个专业动植物园（引种驯化园）及种质繁殖基地，重点对榧树、珙桐、金钱松、连香树、崖柏、楠木等珍稀野生植物实施拯救保护。加强与动植物种质资源收集、保存、引种回归等有关的设施和条件建设，推进形成物种资源保护网络。推进生物多样性优先区、示范区建设。构建外来入侵物种监测统计体系，推进野生动植物和水生生物重要分布区监测体系和应急救援体系建设。

加强重点区域生态建设。建设三峡库区生态屏障。实施好《长江经济带生态环境保护规划》，确保三峡库区生态环境只能优化、不能恶化，保护好长江母亲河。将重大生态修复工程作为推动长江经济带发展项目的优先选项，实施好长江防护林体系建设、水土流失及岩溶地区石漠化治理、退耕还林还草、水土保持、河湖和湿地生态保护修复等工程，建设库周绿带，增强水源涵养、水土保持等生态功能。禁止在三峡水库库周采矿，防止已经关停的小铁矿、小煤矿、石灰石开采场死灰复燃。优化已有岸线使用效率，把水安全、防洪、治污、港岸、交通、景观等融为一体，使沿江工业、港口岸线适度有序发展。结合三峡水库岸线保护与利用控制规划，采取工程性治理和生物性治理相结合的措施对消落区进行保护、修复和整治。加强沿江工业管控，严禁在长江干流及主要支流岸线 5 千米范围内新布局工业企业、工业园区，坚决关闭或搬迁现有紧邻长江的化工厂。

加强重要生态功能区保护与建设。立足生态功能定位，强化对大娄山区水源涵养与生物多样性保护重要区、秦岭—大巴山生物多样性保护与水源涵养重要区、武陵山区生物多样性保护与水源涵养重要区、三峡库区土壤保持重要区等 4 个国家重要生态功能区的保护，建成完善的重点生态功能区体系。重点生态功能区内经济社会发展应当与生态功能定位相协调，实行产业准入负面清单。对生态退化严重、人类活动干扰较大的区域实施重大生态保护与恢复工程，提高生态系统质量。持续降低重要生态功能区的人口压力，对“一方水土养不起一方人”的区域实施易地扶贫搬迁和生态保护扶贫。建设生态原产地保护产品示范区。

治理修复生态退化区域。加强水土流失治理。以坡度在 15° ~25° 的重要水源地、25° 以上的坡耕地、山洪灾害易发区为主，因地制宜实施恢复治理工程，重点开展坡耕地改造，实施好生态清洁型小流域等综合治理工程。加强重点区域人为水土流失、水土流失动态变化以及水土保持效益的监测。

到2020年，初步建成与重庆市经济社会发展相适应的五大功能区域分区水土流失综合防治体系，重庆市实施水土流失治理面积5000平方千米以上。

强化石漠化综合整治。结合渝东北和渝东南等不同生态区域特点，遵循“尊重自然、顺应自然”的理念，坚持以恢复和扩大森林植被为目标，以遏制水土流失和石漠化为核心，以改善生态和民生为出发点，实行山、水、田、林、路综合治理，不断完善石漠化综合治理技术体系。鼓励引进农民合作社等新型经营主体投资石漠化保护与生态治理，积极探索生态经济型模式，因地制宜发展特色产业。到2020年，治理岩溶面积2500平方千米。

加大矿山生态治理力度。推进破坏土地资源的矿山生态治理，对黔江区、奉节县、巫山县和石柱县的煤矿损毁土地以及涪陵区、渝北区、开州区的露天采石场进行植被恢复和复垦，加奉节县、巫山县和石柱县等重点区域矸石山生态治理和綦江区南部等地区的煤矿采空区生态修复与治理。强化矿山地下水治理，加强黔江区、奉节县、巫山县、石柱县和彭水县境内煤矿以及城口县、秀山县等区域锰矿地下矿井的排危治理。深化矿山“三废”污染治理，开展煤矿山、建材和非金属矿山污染综合整治，重点加大能源矿山废水和废渣整治力度。加强矿山地质环境监测，推动涉矿重点区县（自治县）建立矿山地质环境监测机构，形成覆盖重庆市重点矿区的矿山地质环境监测网络。

实施城市生态修复。制定城市生态修复实施计划，对被破坏的山体、水体、城市弃置地、土壤等进行自然修复，恢复和改善城市自然生态，提升城市环境容量。

建设自然生态灾害保障系统。整合气象、水文、地质、农业、林业、野生动物疫病疫源等自然灾害信息资源，提升防灾减灾救灾信息管理与服务能力、气象预警与评估能力、气候影响评估能力和生态服务型人工影响天气能力，构建防灾减灾救灾与生态环境风险应急处置一体的防控体系。强化自然灾害应急处置能力、灾后重建能力以及防灾减灾救灾科技支撑能力建设。强化受地质灾害威胁区综合治理，全面做好隐患排查，完善网格化监测预警体系，消除地灾隐患。

（四）节约集约利用资源能源，推进绿色循环低碳发展

落实节约优先战略，实行能源、水资源、建设用地总量和强度双控行动，开展能效、水效、环保“领跑者”引领行动，大幅度节约和高效利用资源。树立绿色低碳发展理念，加快构建技术含量高、资源消耗低、环境污染少的产业结构和生产方式，大幅提高经济绿色化程度，实现经济发展与资源环境的有机协调，建设长江经济带转型升级示范开发区。

实施能源消耗总量和强度双控行动。合理控制能源消费总量，控制化石能源消费总量，提高可再生能源消费比重。降低能耗强度，完成国家下达的单位地区生产总值能耗降低目标。对高耗能产业和产能过剩行业实行能源消费总量控制强约束，其他产业按先进能效标准实行强约束，现有产能能效要限期达标，新增产能必须符合国内先进能效标准。加快完善节能标准体系、能耗标识制度，加强标准实施的监督，切实扭转粗放用能方式，不断提高能源使用效率。强化节能评估审查，加大节能目标责任评价考核，落实节能目标责任制。实施能效领跑者引领行动，推广先进节能技术和产品应用。

加强工业节能。实施工业能效提升计划，推进重点耗能行业企业节能改造和能源管控中心建设。重点抓好电力、化工、造纸、建材、钢铁、有色金属、煤炭等耗能行业和年耗万吨标准煤以上企业节能，实施锅炉、电机等高耗能设备能效提升计划。推动大型工业企业建立能源管理体系，实施能耗在线监测。提高行业能源利用效率，抑制高耗能产业过快增长。

推进建筑节能。实行公共建筑能耗定额管理、能效公示、能源统计和能源审计制度。推进既有建筑节能改造试点示范，到 2020 年，重庆市再完成既有公共建筑节能改造 350 万平方米。实施绿色建筑行动计划，按照先主城后远郊、先公建后住房的原则逐步推动绿色建筑标准的强制执行，到 2020 年，城镇新建建筑执行绿色建筑标准的比例达到 50% 以上。

强化交通运输节能。大力发展城市轨道交通，建成“一环八线”城市轨道交通网，到 2020 年，轨道交通总里程达到 415 千米。优化城市公交线网，提高公交覆盖率，到 2020 年，主城区机动化出行中公共交通的分担率达到 65%，公共汽车站点 500 米覆盖率达到 100%。改善地面交通之间、轨道交通之间、轨道交通与地面交通之间的换乘条件。制定切实有效的推广政策，增加充电桩、LNG（液化天然气）加气站数量，扩大覆盖范围，实施电动、LNG（液化天然气）新能源汽车（船舶）推广计划。打造兼具旅游、休闲、健身功能的城市慢行系统。

抓好公共机构节能。健全重点用能单位节能管理制度，探索实行节能自愿承诺机制。大力推动政府机关等公共机构节能，加快制定市级行政单位能耗定额标准，创建节约型公共机构示范单位，发挥公共机构在全社会节能中的表率作用。完善公共机构能源审计及考核办法。推进公共机构实施合同能源管理项目，将公共机构合同能源管理服务纳入政府采购范围。

实施水资源消耗总量和强度双控行动。完善最严格水资源管理制度指标体系，继续实施水资源开发利用控制、用水效率控制、水功能区限制纳污三条红线管理，把节水作为约束性指标纳入政绩考核。严格用水定额，建立梯度水价制度，抑制不合理用水需求，重庆市 2020 年用水总量控制在 97.1 亿立方米以内。降低水资源消耗强度，单位地区生产总值用水量、单位工业增加值用水量分别比 2015 年下降 29% 和 30%。完善节水标准体系，强化节水产品认证。建立用水单位重点监控名录，严查违法取水用水行为。开展水效“领跑者”引领行动，鼓励节水和研发节水技术。

加大农业节水力度。以水资源高效利用为核心，建立农业生产布局与水土资源条件相匹配、农业用水规模与用水效率相协调、工程措施与非工程措施相结合的农业节水体系。合理调整农业生产布局、农作物种植结构以及农、林、牧、渔业用水结构，在水资源短缺地区严格限制种植高耗水农作物。完善农业节水工程措施，提高农业灌溉用水效率，加强灌区渠系节水改造，积极推广使用喷灌、微灌、低压管道输水灌溉等高效节水灌溉技术，建设一批高效节水灌溉示范区，到 2020 年，重庆市农田灌溉水有效利用系数达到 0.5 以上。健全农业节水管理措施，探索灌溉用水总量控制与定额管理，加强灌区检测与管理信息系统建设。

深入开展工业节水。根据水资源禀赋和行业特点，通过区域用水总量控制等措施，引导工业布局和产业结构调整。缺水地区严格限制高耗水项目，鼓励发展用水效率高的高新技术产业。加快工业节水技术升级，重点推进钢铁、煤炭、建材、纺织、造纸等高耗水工业行业节水技术改造，定期发布重点工业行业节水标杆企业和标杆指标。到 2020 年，重庆市电力、钢铁、纺织、造纸、石油石化、化工、食品发酵等高耗水行业达到先进定额标准。大力推广工业水循环利用、洗涤节水等通用节水工艺和技术，加快淘汰落后用水工艺和技术。推进高耗水工业企业计划用水和定额管理，创建节水型企业，鼓励产业园区统一供水、废水集中处理和循环利用。

建设节水型城市。加强节水配套设施建设，加快城市供水管网改造，降低供水管网漏损率。加强公共用水管理，明确宾馆、饭店、大型文化体育设施和机关、学校、科研单位等部门和单位的用水指标，确定用水定额。党政机关、事业单位和社会团体率先推广使用节水型新技术、新材料和新器具。从2018年起，单体建筑面积超过一定规模的新建公共建筑应安装建筑中水设施；到2020年，全部市级机关和50%以上的市级事业单位建成节水型单位。提高车辆清洗、浴场等城镇生活用水大户的用水重复利用率。加强对建筑施工用水的监管。发展城市居住小区再生水利用技术，鼓励推广应用中水处理回用技术，建设节水型社区、节水型住宅。开发利用非传统水源，加强矿井水、雨水、再生水等非常规水利用和中水回用。

实施建设用地总量与强度双控行动。实行建设用地总量控制制度，到2020年重庆市净增建设用地面积不超过750平方千米。提高建设用地利用效率，科学确定土地开发强度、土地投资强度和人均用地指标，严格推行开发强度核准。科学配置城镇工矿用地，合理确定新增用地规模、结构和时序。严格控制农村集体建设用地规模。

严格耕地总量控制。全面完成永久基本农田划定并实施特殊保护，探索实行耕地轮作休耕制度试点。加大高标准基本农田建设力度，加强土地整治项目的建后管护，严防边整治边撂荒。进一步提高节约集约用地水平，引导项目建设不占或少占耕地；对确需占用耕地的，要严格落实“占优补优、占水田补水田”的耕地占补平衡制度。实行新增建设用地占用耕地总量控制。全面推进建设占用耕地耕作层剥离再利用，加强耕地质量建设。严格耕地保护责任追究制度，落实各级政府保护耕地的主体责任。

积极开展土地整治。建立城镇低效用地再开发、废弃地再利用的激励机制，对布局散乱、利用粗放、用途不合理、闲置浪费等低效用地进行再开发，对因采矿损毁、自然灾害损毁、交通改线、居民点搬迁、产业调整形成的废弃地实行复垦再利用，提高土地利用效率和效益，促进土地节约集约利用。

因地制宜盘活存量建设用地，清理闲置土地，充分利用荒山、荒沟、荒滩和荒坡地。合理开发地下空间。以促进耕地集中连片、增加有效耕地面积、提升耕地质量为目标，开展农用地整治，优化用地结构和布局。在不破坏生态环境的前提下，适度开发宜农后备资源。

提高矿产资源开发水平。提高矿产资源开采回采率和选矿回收率，减少储量消耗和矿山废弃物排放。推广先进适用的资源综合回收工艺及选矿技术，采用超细粉碎设备和高效节能、环保的大型浮选设备，提高有色金属矿产和非金属矿产的选矿回收率。加强矿产资源采选回收率准入管理和监督检查，新建矿山不得采用国家限制和淘汰的采选技术、工艺和设备，制定开采回采率、选矿回收率和综合利用率的准入标准。强化对开采回采率、采矿贫化率和选矿回收率的监督检查，引导和强制矿山企业切实提高矿产资源采选水平。积极探索矿产资源税费征收与储量消耗挂钩的政策措施，促进矿产资源节约开发。

加强矿产资源综合利用。加强低品位、共伴生矿产资源的综合勘查与利用，充分利用矿产资源。对具有工业价值的共伴生矿产，统一规划，综合开采，综合利用。重点加强有色金属、贵金属、稀有稀散元素矿产等共伴生矿产资源开采、选矿过程中的综合开发利用。加强矿山固体废弃物、尾矿资源和废水利用，提高废弃物的资源化水平。以产生量大和利用潜力大的矿山废弃物为重点，研究推广煤矸石发电和建筑材料生产等技术和工艺。加快新技术、新设备的研究和开发，拓展金属和非金属矿山固体废弃物的综合利用领域，充分利用尾矿资源中的有用成分。提高矿山废水的循环利用效率。以永川和綦江国家绿色矿业发展示范区建设为重点，推进重庆市绿色矿山建设。

优化五大功能区域产业布局。按照各区域功能定位，紧扣供给侧结构性改革，进一步优化产业空间布局，推进产业转型升级，引导各区域因地制宜、各有侧重地培育发展主导产业，加快形成区域特色鲜明、分工协同一体、逆序圈层化分布的产业格局。都市功能核心区、都市功能拓展区（含两江新区）的产业准入要按照共抓大保护、不搞大开发的要求从严控制，都市功能核心区将发展现代服务业作为主攻方向、提档升级中央商务区，都市功能拓展区着力建设研发创新中心、战略性新兴制造业集聚区、综合商贸物流中心。城市发展新区着力建设重庆市重要的制造业基地，改造提升优势产业，大力发展战略性新兴产业，加快形成若干产业链条完善、规模效应明显、核心竞争力突出、支撑作用强大的产业集群。渝东北生态涵养发展区、渝东南生态保护发展区的产业准入要切实进行严格限制，重点发展现代旅游业、民俗文化生态旅游、现代特色效益农业、特色资源加工业等生态型产业，充分体现绿色发展理念。严格落实五大功能区域产业禁投清单、工业项目环境准入规定，确保项目引进符合生态环境约束要求。

调整产业结构。加大供给侧结构性改革力度，积极稳妥化解无效、低效产能，促进生产要素从传统产业向新兴产业转移，压缩钢铁、水泥、煤炭产能，落实等量置换方案，严格控制增量，防止新的产能过剩。深入实施《中国制造 2025》，发展战略性新兴产业和先进制造业，积极构建科技含量高、资源消耗低、环境污染少的产业结构。加快发展新兴产业集群，重点在电子核心基础部件、新能源汽车及智能汽车、机器人及智能装备、高端交通装备、新材料、生物医药、物联网、环保、MDI（二苯基甲烷二异氰酸脂）及化工新材料、页岩气开发等 10 大领域取得更大突破。建立健全落后产能退出激励和约束机制，加快淘汰高污染、高环境风险的落后产能。2016 年底前，全面取缔不符合国家产业政策的小型造纸、制革、印染、染料、炼焦、炼硫、炼砷、炼油、电镀、农药、涉磷生产和使用等严重污染环境的“十一小”企业。

推进绿色制造。推动钢铁、化工、摩托车制造、建材等传统工业绿色化改造，推广余热余压回收、水循环利用等绿色工艺、技术、装备。推进绿色园区、绿色企业、绿色工厂建设，支持企业实施绿色战略、绿色标准、绿色管理和绿色生产。加强绿色产品研发，强化产品全生命周期绿色管理，努力构建高效、清洁、低碳、循环的绿色制造体系。打造绿色供应链，加快建立以资源节约、环境友好为导向的采购、生产、营销、回收及物流体系，落实生产者责任延伸制度。提倡绿色包装，推进物流包装材料可降解、可重复利用、可回收。

加快转变农业发展方式。进一步壮大提升集约化经营与生态化生产有机结合的现代农业，把发展壮大现代生态农业作为核心，提高资源利用率和土地产出率。发展种养结合生态循环农业，推行减量化和清洁生产技术，净化产地环境，提高无公害、绿色、有机农产品比重。强化江津、南川、潼南、荣昌和忠县国家级现代农业示范区的示范和辐射作用，带动现代农业综合示范工程建设。在条件较好的巫溪县、秀山县等地区加快有机农林产品生产基地建设，重点将三峡库区生态屏障区建设成为绿色无公害农林业示范区。推进无公害农产品、绿色食品、有机农产品和地理标志农产品生产基地建设，到 2020 年，“三品一标”种植面积的比重达到 30% 以上。大力推进“互联网 +”农林业建设，培育各类新型经营主体和整合各种资本要素。推进木本油料、笋竹、特色经果林、花卉苗木、中药材、林产品加工、野生动植物开发利用等基地及配套加工产业发展，加强特色林业生态产业示范工程、示范基地建设。

推行化肥农药减量化。实施化肥和农药“零增长”行动，大力推广科学施肥，提高用肥的精准性和利用率。鼓励推进秸秆还田、种植绿肥、积造农家肥、增施有机肥。探索对土地经营者施用有机肥予以补贴。集成推广种肥同播、化肥深施等高效施肥技术。推进配方肥进村入户到田，支持新型农业经营主体使用配方肥、高效缓（控）释肥，到 2020 年测土配方施肥技术推广覆盖率达到 93% 以上。集成推广适合不同作物的全程农药减量控害技术模式，大力推进专业化统防统治。加强农业面源污染监测。开展低毒低残留农药使用试点，加大高效大中型药械补贴力度。建立高毒农药可追溯体系。力争到 2020 年，化肥、农药使用量实现零增长，利用率达 35% 以上。

加强农业废弃物资源化利用。通过实施秸秆机械粉碎还田、保护性耕作、快速腐熟还田、堆沤还田以及生物反应等方式，实现秸秆肥料化、能源化利用。在丰都县、云阳县、巫山县和巫溪县等三峡库区草食牲畜发展重点区域推行秸秆饲料化利用。到 2020 年，秸秆肥料化利用比例达到 30%，秸秆综合利用率达到 85% 以上。充分利用大型养殖场畜禽粪便、秸秆、有机生活垃圾等沼气资源，加快集中型沼气工程建设，构建“畜禽养殖—粪便沼气—发电”产业链。开展农田残膜回收试点，合理处置农膜、农药包装物等生产废弃物。推广生物质燃料、生物质气化炉灶等生物质气化技术，加快农业废弃物回收设施体系建设。

大力发展生态旅游。合理开发旅游资源，科学核定景区游客最大承载量，减少旅游活动对生态环境的影响。加强重庆市旅游规划、旅游项目的环境影响评价，对重点旅游景区开展环境监测。加强旅游景区废水、固体废弃物的收集和处理，鼓励旅游景区使用可再生能源、节能环保交通工具。促进旅游景区建设的绿色化，鼓励在建设过程中采用绿色、低碳、环保材料，将旅游资源保护和生态环境建设作为景区等级考核评定的重要因素。加强旅游景区生态环保宣传，推进旅游景区生态文化教育基地试点建设。大力培育和发展乡村旅游。到2020年，重庆市力争培育形成精品生态旅游线路5条、特色生态旅游线路20条，建成国家生态旅游示范区10个，建成一批有影响的乡村旅游示范基地，把重庆市建成国家生态旅游强市和国内外知名的生态旅游目的地。

促进商贸餐饮业绿色转型。推动大型商场、餐饮、酒店使用节能灯具、变频空调、节能型冷藏设备、自动控制扶梯等节能设备和技术。严格执行“限塑令”，落实塑料购物袋有偿使用政策。减少一次性用品的使用。继续推进绿色饭店创建工作。实施“光盘”行动。推进洗车点、修车点、高速公路服务区、医院、商场、餐饮店、宾馆等使用节能节水技术，建设小型废水、废气、油烟等污染治理设施。相对集中布局餐饮业，减少对居民的干扰。

大力发展绿色物流。加大绿色仓储中心建设，实现仓储中心节水、节能、节地，减少污染排放。新购置配送货车必须符合国Ⅳ排放标准，到2020年，所有进入主城区配送车辆须符合国Ⅳ及以上排放标准，鼓励选用新能源货运车。合理规划配送网点和中心，优化配送路线，促进循环取货，提高市内货物运输效率。积极推动物流配送模式创新，以大数据和“互联网+”为手段，构建绿色智能物流体系。

大力发展循环经济。实施循环发展引领计划，推行产业循环式组合、园区循环式改造、企业循环式生产，减少单位产出物质消耗，促进循环经济在生产、流通、消费各领域深度推广，全面构建循环型产业体系，构建覆盖全社会的资源循环利用体系。开展再制造试点，发展机床、汽车零部件、工程机械再制造，实现再制造规模化、产业化。加快园区循环化改造，按照“五个一体化”（上中下游产业链一体化、水电气热联供一体化、基础设施配套一体化、物流配送服务一体化、生产生活环保生态管理一体化）的要求，推进一批产业链条清晰、基础条件好、改造潜力大的工业园区开展园区循环化改造。推动国家循环经济试点区县建设。推广循环经济典型模式和先进技术，鼓励建设循环经济教育示范基地。

加强工业废弃物和“城市矿产”资源化利用。加强共（伴）生资源、电力行业、冶金行业、化工行业、建材行业、食品工业、汽车行业和电子信息产业等重点行业资源综合利用，培育一批建材、电力和冶金等协同资源化处理废弃物示范企业。完善重庆废金属交易市场，继续推进废钢铁资源化利用产业园（集团）建设，着力开展废钢铁、废铅、废旧电子产品的综合利用。加快大足再生资源市场和永川港桥城市矿产基地建设。以梁平塑料产业园区为载体，发展废旧塑料再生资源化产业。

加强生活垃圾分类收集和资源化利用。动员社区及家庭积极参与，逐步推行垃圾分类。加强生活垃圾分类回收和再生资源回收的衔接，推进生产系统和生活系统循环衔接。鼓励居民分开盛放和投放厨余垃圾，建立高水分有机生活垃圾收运系统，实现厨余垃圾单独收集循环利用。进一步加强餐饮业和单位餐厨垃圾分类收集管理，建立餐厨垃圾排放登记制度。推进生活垃圾资源化利用，加快建设重庆市第三、第四及远郊区县（自治县）生活垃圾焚烧发电厂，完善城镇生活垃圾无害化收运体系，推进水泥窑协同处置城市生活垃圾试点。加快生物质能源回收利用工作，提高生活垃圾焚烧发电和填埋气体发电的能源利用效率。统筹园林垃圾、粪便等无害化处理和资源化利用。

积极应对气候变化。加快能源技术创新，构建低碳能源体系，提高非化石能源消费比重，因地制宜发展水电、风电、生物质发电等可再生能源，到2020年，新增风电、生物质发电装机30万千瓦。积极推动页岩气规模化开发利用，鼓励发展天然气分布式能源系统，加快LNG（液化天然气）推广应用。探索开展碳汇造林项目，增强适生植物固碳能力，增加森林、农田和草坡碳汇。加快低碳技术研发应用，控制工业生产过程、农林活动、废弃物处理等领域温室气体排放。推进低碳城市试点，支持璧山高新区、双桥经开区建设国家级低碳工业园区，开展低碳社区试点。逐步建立碳排放总量控制制度和分解落实机制。完善应对气候变化支撑体系和能力建设，增强城市基础设施、农业、水资源、人体健康、能源、生态系统、旅游业等适应气候变化能力。加强应对气候变化对外合作。

支持环保龙头企业发展。深入实施《重庆市环保产业集群发展规划（2015—2020年）》，以重点工程建设为依托，在环保装备制造、环保产品生产、资源综合利用、环保综合服务等领域培育一批具有工程总承包能力和工程设备成套生产能力的大型环保企业集团。培育一批年销售收入超过100亿元的龙头企业和超过50亿元的骨干企业，鼓励拥有核心技术和自主品牌的环保龙头企业做大做强，推动环保技术、装备和服务水平显著提升。到2020年，重庆市环保产业年销售收入达到1300亿元，建成国家重要的环保产业基地。

培育七大环保产业集群。坚持垂直整合的集群发展模式，形成以掌握关键技术的大企业集团为核心、中小企业专业化协作配套、社会化服务综合保障的产业体系。培育污水污泥处理设备制造、大气污染防治设备（产品）制造、固体废弃物收运处理设备制造、环境仪器仪表及环境修复、再生资源综合利用、固体废弃物综合利用和再制造七大环保产业集群。以五大功能区域为基础，积极引导环保产业差异化发展，重点推进万州、大渡口、巴南、大足、荣昌、垫江、梁平等节能环保产业园区建设。

大力发展环保服务业。依托都市功能核心区打造环保服务产业总部经济。推广环境污染第三方治理，培育一批系统设计、成套设备、工程施工、调试运行和维护管理一体化的环保服务总承包专业企业。开展环境监理试点，培育发展第三方环境监理服务机构。发展污染土壤及水环境修复服务业。鼓励社会监测机构面向政府、企业及个人提供环境监测与检测服务，鼓励不同所有制检验检测认证机构平等参与市场竞争。积极发展环境审计、清洁审查审核等第三方审核评价服务。探索建立第三方环境风险损害评估。培育专业咨询服务、环境教育普及与培训服务。

推进环保产业开放发展。抓住国家“一带一路”、长江经济带发展战略机遇，借助内陆国际物流枢纽和口岸高地，创新生态环保对外合作机制，积极搭建环保产业“走出去”平台，实现与沿线国家和省（区、市）的良性互动，推进生态保护与建设、节能环保、绿色经济、能力建设、治理模式等重点领域区域合作。发挥行业组织“内引外联”的桥梁纽带和自律作用，推动环保产业发展壮大。

二、巴南区生态文明建设“十三五”规划

“十三五”时期是全面建成小康社会最后冲刺的五年，也是贯彻党的十八大提出的生态文明建设的五年。科学编制巴南区“十三五”环境保护与生态文明建设规划，认真描绘巴南区环境保护事业新的发展蓝图，是一项繁重和开创性的任务。根据国家和市区的统一部署和要求，为确保巴南区“十三五”环境保护与生态文明建设规划编制工作顺利推进，制定了相关方案。

（一）主要内容

通过对巴南区环境保护“十二五”规划约束性指标的完成情况、重大项目执行情况、配套政策措施出台和实施情况进行终期考核，明确“十二五”以来巴南区环境保护工作取得的主要进展，总结经验，分析存在的问题，重点研究遇到的新情况、新问题以及存在的薄弱环节。

为保证“十三五”规划编制的科学性和可行性，扎实开展《巴南区“十三五”环境保护与生态文明建设研究》课题研究，加强对“十三五”时期全区生态文明建设基础性、前沿性、关键性问题研究，准确把握未来5—10年发展形势，有针对性地提出具有可操作性的对策、措施和建议，理清长远发展思路，制定未来5年的发展目标、重点任务和重大项目。

环境保护与生态文明建设规划是巴南区重点专项规划之一，是环境保护的综合性和纲领性规划，环境保护“十三五”规划期以2016—2020年为主，衔接2020年全面建成小康社会各项目标，又要考虑更长时期的远景发展。以改善环境质量为主线，统筹污染治理、总量减排和环境风险管控，打赢大气、水体、土壤污染防治三大战役，推进民生改善。提出巴南区生态文明建设和环境保护的总体发展战略和目标，发展的方向、任务和实施步骤。要以生态文明理念为引领，着力改革，创新驱动，深入贯彻落实新《环境保护法》。

（二）进度安排

该区“十三五”环境保护与生态文明建设规划编制大体分为四个阶段：

基本思路形成阶段（2015年5月）。认真评估“十二五”环境保护规划实施情况，组织开展“十三五”规划前期调研工作，理清规划编制思路，提

出“十三五”规划基本框架和思路，完成前期课题研究结题。通过网络、调研、征询专家和公众意见等形式收集资料，汇总各方面意见，形成“十三五”规划基本思路框架。

研究起草阶段（2015 年 6—12 月）。在前期调查研究的基础上，进行深入研究讨论，着手规划起草工作。规划初稿形成后，邀请专家学者和相关部门对规划进行评审论证，对规划进行修改完善，于 2015 年 12 月底前完成“十三五”环境保护与生态文明建设规划编制初稿。

征求意见阶段（2016 年 1—2 月）。形成“十三五”环境保护与生态文明建设规划草案，广泛征求专家学者、有关部门及社会各界的意见建议，并对规划进行修改完善。

审议阶段（2016 年 3—6 月）。由区环保局会同区发改委将修改完善后的“十三五”环境保护与生态文明建设规划报请区政府审定。

（三）工作要求

加强领导，确保进度。区环保局牵头该区“十三五”环境保护与生态文明建设规划编制工作，区发改委、区教委、区经信委、区财政局、区城乡建委、区交委、区市政园林局、区水务局、区农委、区卫计委、区统计局、区林业局、区旅游局、区国土分局、区规划分局等部门及各镇街要积极配合，涉及相关资料，特别是生态环境建设的重大项目材料，要主动收集、整理并提供。各有关部门和镇街要明确分管领导和经办人员，并落实责任，确保按进度要求完成规划编制工作。

发扬民主，公众参与。在规划编制的各个环节，要通过开辟网上专栏、召开座谈会、公开征集意见等多种形式进行广泛宣传，为社会公众参与“十三五”环境保护与生态文明建设规划编制工作畅通渠道，保障公众了解和参与规划编制的权利，并广泛吸收社会各界的意见。

第二节　工业园区规划

重庆工业园是各区县（自治县、市）结合地域资源优势和产业特色形成的省级特色工业园，是重庆市经济发展、对外开放的重要平台和构建内陆开放高地的重要支撑体系。重庆市除重庆高新技术产业开发区和重庆经济技术开发区 2 个国家级开发区外，有 43 个市级特色工业园。其中，主城及渝西地区 26 个，渝东北地区 11 个，渝东南地区 6 个，重庆市特色园区实际利用土地面积 352.35 平方千米。在这些工业园区中，荣隆台湾工业园在国家西部大开发政策背景下，得到地区扶持政策、国家统筹城乡综合配套改革试验区特惠政策的支持，为入驻到重庆荣隆台湾工业园或注册到重庆荣隆台湾工业园的企业提供更多的优惠政策。

一、工业园投资潜力

区位条件优越。重庆地处长江上游经济带核心地区，中国东西结合部，是中国政府实行西部大开发的重点开发地区。

基础设施功能完备。重庆是中国西部唯一集水陆空运输方式为一体的交通枢纽，横贯中国大陆东西和纵穿南北的几条铁路干线、高速公路干线在重庆交汇，3 船队可由长江溯江至重庆港，重庆江北国际机场是国家重点发展的干线机场。重庆是中国西部电网的负荷中心之一，煤炭、天然气产量大，能源供应的保障程度高。

工业基础雄厚，门类齐全，综合配套能力强。重庆是中国老工业基地之一，正着力壮大汽车摩托车、化工医药、建筑建材、食品、旅游五大支柱产业，加快发展以信息工程、生物工程、环保工程为代表的高新技术产业。

科技教育力量雄厚，人才相对富集。重庆市建设工业园区之初便拥有 1000 余家科研机构，34 所高等院校，60 余万科技人员。

市场潜力巨大。重庆人口众多，人民生活由温饱向小康过渡、三峡工程库区移民和城镇工矿搬迁、大规模的基础设施建设、生态环境保护和污染治理、老工业基地的产业升级都将产生巨大的消费需求和投资需求。

二、园区分布

重庆工业园是各区县（自治县、市）结合地域资源优势和产业特色形成的省级特色工业园区，是重庆市经济发展、对外开放的重要平台和构建内陆开放高地的重要支撑体系。截至“十二五”末重庆市共有 46 个工业园区，其中国家级园区共有 10 个、市级特色工业园区共有 36 个，已经形成以两江新区为龙头，西永、两路寸滩两个保税区为极核，高新、经开、万州、长寿四个国家级经济技术开发区以及北部新区、万盛、双桥三个市管开发区为中坚，36 个市级特色工业园区为支撑的“1+2+7+36”开发区塔形结构体系。2020 年，全市园区规模工业总产值 1.88 万亿元。从 2002 到 2020 年，重庆市工业园区经过 7 年的不断壮大，整体实力从量的积累发展为质的提升，经济增长极的作用日益凸显。在这些工业园区中，荣隆台湾工业园在国家西部大开发政策背景下，在地区扶持政策、国家统筹城乡综合配套改革试验区特惠政策的支持，为入驻到重庆荣隆台湾工业园或注册到重庆荣隆台湾工业园的企业提供更多的优惠政策。

2002—2020 年，重庆市先后批准建立市级特色工业园区 43 个，其中，主城及渝西地区 26 个，渝东北地区 11 个，渝东南地区 6 个，全市特色园区实际利用土地面积 352.35 平方千米。

2020 年，重庆市对全市产业园区高质量发展提出相关意见。《重庆市人民政府关于加快推进全市产业区高质量发展的意见》指出，到 2025 年，基本形成特色引领、创新驱动、智慧赋能、绿色发展的园区高质量发展新格局，并且要实现以下发展目标：第一，经济支撑持续扩大。全市园区规模工业产值年均增长 6.5%以上、占全市规模工业产值比重提高到 86%以上，战略性新兴产业占比提高到 37%以上。第二，特色发展成效显著。市、区县共建 10 个市级重点关键产业园，累计创建 18 个国家新型工业化产业示范基地，特色产业产值占比提高到 60%以上。第三，创新活力不断增强。园区规模工业企业研发投入强度 2.2%以上，有研发机构、研发活动的企业占比分别提高到 55%、70%以上，基本构建服务体系完备的园区创新生态体系。第四，智慧赋能水平提升。智慧园区管理服务系统全面建成，两化融合发展指数总体水平达到 65，重点园区和企业 5G 网络全覆盖，建成 50 个智能工厂和 500 个数字化车间。第五，绿色发展本底夯实。园区规模以上工业企业单位增加值能耗、水耗较“十三五”末分别下降 16%、20%，大宗工业固废综合利用率保持在 70%以上，建成绿色园区 30 个。

主要任务包括：第一，打造特色园区。坚持产业兴园、特色立园，以“一区两群”产业协同发展为纽带，充分发挥各自比较优势，着力优化园区产业布局。第二，提升创新发展水平。持续推动各类产业创新资源和要素向园区集聚，围绕特色产业集群发展，推进产学研合作，组建一批产业技术创新联盟。第三，智慧赋能园区发展。加快推进新型智慧园区建设。全面建成功能集成完善、运行调度有力、管理精准到位、企业服务高效的管理服务平台，加快推进园区数字化转型发展。第四，拓展开放发展空间。进一步发挥中欧班列（成渝）、西部陆海新通道、长江水道、空港等优势，积极承接外部产业转移，促进产业链供应链开放发展。第五，健全公共服务体系。立足为园区小微企业—中型企业—大型企业—上市企业提供全生命周期服务，加快建设完善社会化的中小企业公共服务体系。第六，完善综合承载功能。坚持产城景融合发展，实现以产兴城、以城促产、产城联动，加快将园区打造成为宜居宜业的现代产业新城。第七，坚持绿色安全发展。全面落实碳达峰碳中和要求，加快培育绿色产业集群，构建完善产业链耦合共生、资源能源高效利用的绿色低碳循环产业体系，推动绿色技术创新成果在园区转化。

三、优惠政策

（一）生产性企业财税政策

固定资产投资在 500 万 ~1000 万元的项目，从投产年度起，该企业上缴增值税、营业税、所得税县级分享部分，前 3 年按 50% 由同级财政奖励企业，用于扶持企业进行产品开发或技术改造；固定资产投资在 1001 万 ~5000 万元的项目，从投产年度起，该企业上缴增值税、营业税、所得税县级分享部分，前 3 年按 80% 由同级财政奖励企业，用于扶持企业进行产品开发或技术改造；固定资产投资在 5001 万元的项目，从投产年度起，该企业上缴增值税、营业税、所得税县级分享部分，前 3 年由同级财政奖励企业，用于扶持企业进行产品开发或技术改造。

（二）非生产性企业财税政策

固定资产投资在 300 万元以上的项目，从投产年度起，该企业上缴增值税、营业税、所得税县级分享部分，前 3 年按 50% 由同级财政奖励企业，用于扶持企业发展。经市级以上部门认定为高新技术或科技创新型投资企业的（以认定的证书为依据），从投资经营年度起3年内，该企业上交的增值税、营业税县级分享部分由同级财政奖励，用于扶持企业进行产品开发或技术改造；3年期满后经市级以上部门认定为高新技术或科技创新型企业的；未来3年内，该企业上缴的增值税、营业税县级分享部分的60%由同级财政奖励企业，用于扶持企业进行产品开发或技术改造。对设计在该区域的以国家鼓励类产业项目为主营业务，且主营业务收入占企业总收入的70%以上的工业企业，报经税务部门批准后，减按15%的税率征收企业所得税。企业、事业单位为该区域提供技术转让，以及在转让过程当中发生的与技术转让有关的技术咨询、技术服务、技术培训所得，年净收入在30万以下的，报经税务部门批准后暂免征所得税。对科研单位和大专院校服务于各行业的技术成果转让、技术培训、咨询、服务、承包所得的技术性服务收入暂免征所得税。

（三）投资企业用地政策

投资企业用地根据具体用地性质，通过挂牌、拍卖、招标获得国有土地使用权。投资企业使用集体土地，可实行租用，租用方式由用地者与土地所有者或承办经营者或土地使用者具体商议。投资企业从事农业、林业、养殖业或投资农业产业结构调整的可按承办经营方式获得集体土地经营权；从事能源、水利、文化、教育、卫生、社会公益事业的，可按行政划拨或出让方式获得国有土地使用权。在不改变土地性质的前提下。鼓励土地承包者在有效承包期内以土地入股的方式入股办企业。县级部门（含市属部门）应收费的相关项目及收费标准必须严格按照物价部门审核公布后的标准收取。

（四）规费政策

固定资产投资在500万元以上的生产性项目，建设期间属县级收取的行政性收费全面（工本费除外，下同），经营性收费减半收取。发生在县级内的工业企业联合、兼收、收购、破产重组等资本运作、资产重组过程中所涉及的各种行政性收费，属县级收取的一律免收。

新建各类大型专业市场，固定资产在300万元以上的，除按相关规定执行外，从市场投入运营之日起，免收3年县级行政性收费。新办商贸流通企业和新办文化产业，固定资产投资在100万元以上的，建设期间，属县级收取的行政性收费减半征收；经营期间第一年企业所得税县级分享部分由县政府按 50% 奖励给企业。

固定资产投资在 100 万元以上的旅游开发项目（新建三星级酒店、旅游产品开发及打造旅游景点等），建设期间，属县级收取的行政性收费减半征收，从运营之日起，免收 3 年行政性收费。

（五）外商投资新增优惠政策

凡属国家鼓励类外商投资企业，在现行税收优惠政策执行期满后的 3 年内，可以按 15% 的税率征收企业所得税。外商投资企业、外商投资设立的研究开发中心、外国企业和外籍个人从事技术转让、技术开发业务和与之相关的技术咨询、技术服务业务取得的收入，经国家税务总局批准，可以免收营业税。外国企业为科学研究、开发能源、发展交通事业、农林牧业生产以及开发重要技术向我境内提供专有技术所取得的特许权使用费，经国家税务总局批准，可以减按 10% 的税率征收所得税，其中技术先进或者条件优惠的，可以免征所得税。外商投资企业进行技术开发，当年发生的技术开发费比上年增长 10% 以上（含 10%）的，经税务机关批准，允许再按当年技术开发实际发生额的 50% 抵扣当年度的应纳税所得额。凡外商投资企业在投资总额内采购国产设备，如该类进口设备属免税目录范围，可全部退还国产设备增值税并按有关规定抵免企业所得税。

外商投资企业购买员工住宅享受重庆市职工有关契税同等优惠政策。外商投资企业在重庆市范围内招用下岗职工、失业人员，劳动关系稳定在 3 年以上的，视其招用下岗职工和失业人员比例，按照《重庆市促进再就业优惠政策实施细则》以及有关补充规定享受税收减免优惠政策。

外商投资企业需要进行境内融资时，允许中资商业银行接受外方股东担保，允许外商投资企业以外质押方式向境内中资外指定银行申请人民币贷款。允许境内外商投资企业以其外方投资者海外资产向境内中资银行的海外分行提供抵押，由中资商业银行的海外或国内分行向其发放贷款。

符合条件的外商投资企业可申请发行 A 股或 B 股。按照积极稳妥的原则，向在国家重点鼓励的能源、交通等领域投资的外国投资者提供履约保险、保证保险等保险服务。放宽对外商投资企业非贸易外“收入结”的限制。适当扩大封闭贷款范围，外经贸封闭贷款发放对象由国有外经贸企业扩大到外商投资企业，支持企业出口。

第三节 重点流域生态规划

重庆年平均水资源总量在5000亿立方米左右，每平方千米水面积全国第一，水能资源理论蕴藏量为1438.28万千瓦，可开发量750万千瓦，重庆每平方千米拥有可开发水电总装机容量是全国平均数的3倍，此外，还有丰富的地下热能和饮用矿泉水。2019年，重庆地表水资源总量497.28亿立方米，年平均降水量1105.5毫米，全年总用水量76.63亿立方米，治理水土流失面积1426平方千米。重庆的主要河流有长江、嘉陵江、乌江、涪江、綦江、大宁河、阿蓬江、酉水河等。长江干流自西向东横贯全境，流程长达665千米，横穿巫山三个背斜，形成著名的瞿塘峡、巫峡和湖北的西陵峡，即举世闻名的长江三峡；嘉陵江自西北而来，三折于渝中区入长江，乌江于涪陵区汇入长江，有沥鼻峡、温塘峡、观音峡，即嘉陵江小三峡。

一、汤溪河流域综合规划

（一）汤溪河概况

汤溪河是长江干流上游下段左岸的一级支流，发源于大巴山南麓巫溪县三根树一带，河流由北向南，流经巫溪县中岗、田坝等乡镇后进入云阳境内，再经云阳县沙市、江口、南溪、云安等乡镇，在云阳镇小河口注入长江。汤溪河干流全长104千米，流域面积1707平方千米，河口多年平均径流量17.4亿平方米，多年平均流量55.1立方米/秒。汤溪河在巫溪县境内为上游段，又称湾滩河，主河道长41.5千米，流域面积633.8平方千米，河道平均坡降13.1‰，上游河段地形复杂，谷深坡陡，水利开发条件优越；在云阳县境内为中下游段，主河道长62.5千米，流域面积1217.7平方千米，中下游河段江口镇以下位于三峡水库回水区；流域形状呈长条形，水系呈树枝状，流域东西宽约34千米，南北平均长约72千米。汤溪河流域水系发达，超过100平方千米的河流有三条，主要分布在中下游河段，分别为团滩河、南溪河、小溪沟。

汤溪河全流域为规划范围，流域面积为1707平方千米，涉及巫溪县红池坝、尖山、田坝等乡镇和云阳县沙市、江口、南溪、云安等乡镇。流域综合规划内容：水资源规划，灌溉规划，城乡供水规划，水力发电规划，防洪规划，水资源保护规划，水生生态保护与修复规划，水土保持规划，重大水工程规划。

流域综合规划目标为通过流域开发、治理、保护及管理能力建设，逐步建成与当地经济社会发展相适应的水资源综合利用体系、防洪减灾体系、水资源及生态环境保护体系、流域综合管理体系，实现水资源可持续利用、水生态环境良性循环，维护河流健康，促进人水和谐，为流域人口、资源、环境和经济的协调发展提供坚强保障。

（二）流域规划实施后对环境可能造成影响

综合规划实施后，通过增加有效供水、强化节水，保证了流域生态环境和经济建设的合理用水需求。至规划水平年2030年，流域多年平均总用水量为8240万立方米，灌溉水利用系数达到0.59，流域水资源开发利用率为9.7%，新增用水量4798万立方米，占流域水资源总量的2.66%。规划实施后多年平均来水条件下耗水量增加4588.5万立方米，新增耗水量占流域总水资源量2.54%，规划水平年新增耗水量所占比例不大。

综合规划实施后，流域点源污染物入河总量没有增大，流域面源污染物入河总量有所增大，通过控制面源污染及内源污染治理措施，规划的实施不会对流域水质状况产生明显不利影响。

规划拟建的梯级电站和水库工程蓄水淹没、工程占地和移民安置等将使部分森林、灌草丛和农田植被受损，但影响面积总体较小。水库和灌区渠系配套工程规划实施后，有利于减少耕地的闲置率，提高农作物的播种面积，有利于改善农作物的生长条件。流域的重点保护野生植物主要分布在受人类活动影响较小的生态敏感区及海拔较高的中高山偏远地带，规划拟建的梯级电站、水库、堤防和灌区等水利工程影响区海拔一般较低，受人类活动干扰影响较大，未发现国家重点保护野生植物集中分布区，工程占地、水库蓄水淹没和移民安置活动等可能对少量重点保护野生植物及古树资源产生影响。

规划工程项目实施，尤其干支流规划拟建的梯级电站和水库工程实施，施工占地、水库淹没和移民安置等将造成陆生生境局部受损，但影响范围总体较小，对流域野生动物栖息地的类型、结构和分布影响小，流域野生动物总体分布基本维持现状。规划工程施工期间会对施工区及其周边的野生动物产生一定惊扰，可能导致其在工程涉及区的分布数量暂时性下降，但由于野生动物具有一定迁移能力，且周边多分布有适宜生境，因此对其生存影响不大。

堤防建设和河道整治工程对水生生态的影响主要是施工阶段涉水工程扰动水域；规划工程实施后，河道沿岸带护岸和建堤占用部分河床或岸滩，河道沿岸带基质变化，河道横向连通性受到一定影响。但规划工程分布相对分散，工程在逐个江段逐步分期实施的条件下，可避免对同一河段的叠加影响。因此，该类规划实施对鱼类资源的影响有限。

水库建设和梯级开发规划实施后，湾滩水库和向阳水库大坝阻隔使水生生境进一步破碎化，库区将由流水生境向缓流河道或静水湖泊生境转化，并将进一步加剧阻隔效应，影响坝上坝下鱼类交流，部分江段产漂流性卵鱼类产卵场将被淹没，产漂流性卵鱼类产卵繁殖将受到较大影响。鱼类栖息生境的改变将影响其分布范围，继而影响部分江段的生物多样性，流域鱼类种类结构将有所改变。规划实施将在现有水库建设和梯级开发对生物多样性影响的基础上起到一定累积作用。

防洪规划的实施对提高汤溪河流域防洪安全，保障流域经济社会发展具有十分重要的作用，大幅减少因洪涝灾害造成的生产损失。水资源保护规划同时加强了饮用水水源保护和污染源控制，在数量和质量上保障了城镇供水和农村供水，通过渠系配套改造及防渗衬砌使灌溉水利用系数提高至0.59，减少水资源浪费；确保粮食稳产高产，保障粮食生产安全。水力发电规划实施后，可以减少化石燃料发电引起的空气污染，对减轻温室效应起到积极作用，缓解汤溪河流域各地区能源短缺局面，促进流域经济社会协调发展。

基于已有的规划深度，经调查和识别，规划涉及的生态敏感区包括红池坝国家森林公园和红池坝市级风景名胜区。流域规划拟建的袁家湾电站、渔泉一级电站位于红池坝国家森林公园和红池坝市级风景名胜区，不涉及红池坝市级风景名胜区。评价要求规划的袁家湾电站、渔泉一级电站应取得红池坝国家森林公园和红池坝市级风景名胜区主管部门同意，依法办理林地占用、征收审核审批手续，尽量减少电站占用红池坝国家森林公园和红池坝市级风景名胜区用地，以隧洞或压力管道的形式布置引水系统，并保证取水坝下游景观和生态用水，不得影响红池坝国家森林公园和红池坝市级风景名胜区景观及保护动植

（三）预防或者减轻不良环境影响的对策和措施

全面落实“水十条”要求，推进流域河长制和水资源保护联防联治工作，建立水资源保护和水污染防控的长效机制；推广田间、沟渠和塘堰相结合的农业面源污染控制措施；依托流域内特色农产品资源，大力发展生态农业和特色农产品加工业；加强水资源保护能力建设，完善重要河段和主要集中式供水水源地水质自动监测和远程监控系统，加强应急监测的能力建设，开展干流和主要支流入河口监督性巡测，加强水环境管理决策支持系统建设；加快经济结构调整，优化产业布局；加强饮用水水源地保护，向阳水库等规划新建的供水水源水库应划分饮用水水源保护区；落实水土保持规划，加强生态环境建设；加强湾滩水库、清向阳水库等骨干工程联合调度，保障河流生态环境需水；加强流域生态补偿机制建设。

生态环境保护对策措施。开展科普知识讲座、法律法规宣传、大量图片和影视资料展播。流域规划水电站等工程在实施阶段，应将生物多样性影响评价作为环评的重要内容，制定生物多样性保护措施。优化项目设计方案规避生态影响，尽量避免占用林地、耕地，尽量避让影响珍稀濒危植物和古树名木，对无法避让的采取迁地或就地保护措施。加强规划工程施工期间的环境管理与监理工作，规划工程完工后，应及时对施工临时占地区域进行生态修复和耕地复垦。湾滩水库和向阳水库等工程在实施阶段应执行严格的水土保持标准，落实水土保持措施。

保障汤溪河流域生态需水，湾滩水库、向阳水库应下泄生态流量。保护鱼类栖息地，将水生生境条件较好的支流划为限制开发区域，加强栖息地保护。加强已建保护区建设。依托规划梯级进行鱼类增殖放流。开展河岸带和河道水生态保护与修复。优化水库调度，确保下游生态需水量。加强水生生

态监测；加强渔业管理，实行禁渔期制度。

社会环境保护对策措施。合理规划施工场地和移民安置方式，控制工程占地规模，尽量不占、少占耕地。对于工程无法避让而占用的耕地，收集耕作层土壤用于复垦耕地、劣质地或者其他耕地的土壤改良。工程完工后，及时对施工临时占用的耕地进行复垦。发展循环和生态农业、集约农业，优化土地利用结构与布局。

移民安置区应避开生态敏感区。选基础条件较好的区域进行安置。做好移民安置规划和后期扶持。对移民安置区采取适宜的污水收集、处理方案。集中安置区应设置垃圾收集池收集生活垃圾并进行无害化处理。专业项目复改建工程施工期间的生产废水和生活污水应进行处理，并采取适宜的降尘和降噪措施。

环境敏感区保护对策措施。汤溪河流域综合规划涉及生态敏感区的工程项目在本阶段均已提出优化调整建议。但由于流域范围较大，规划阶段工程具体位置和规模等参数存在不确定性。因此，在项目实施阶段，应将工程与流域内生态敏感区的关系作为重点识别内容，对涉及生态敏感区的工程项目，应按相关保护要求提出优化调整方案和保护措施。

（四）提出的结论要点

汤溪河流域水资源丰富，但存在防洪体系不完善，工程性缺水问题比较突出，水资源开发利用活动对生态环境的胁迫影响日渐显现等问题。流域综合规划的实施，是适应国家经济社会可持续发展及加快西部崛起战略要求的重要举措，可提升区域防洪标准，促进地区经济社会发展，实现水资源科学、统一管理。但在取得巨大综合效益的同时，也将对流域经济、社会和生态与环境产生深远影响。

流域规划环评早期介入，根据生态环境的保护要求，提出了流域生态保护红线要求，拟定了不同河段与区域的保护定位，从生态环境保护角度为综合规划的编制提供了支撑。

综合规划中统筹考虑了汤溪河整个流域对开发的要求，除了满足流域社会经济发展对水资源的需求以外，充分考虑到流域内存在的水环境、水生态问题及保护要求，以及水生生境、珍稀物种的保护需求，在综合规划体系中提出了由防洪、供水、灌溉、水土保持、水资源和水生态环境保护、水力发电等方面组成的综合性规划，兼顾了开发与保护的需求，体现了规划统筹考虑的思想。

规划实施对生态环境的不利影响主要是梯级开发对水生生物的阻隔影响，以及库区淹没对陆生动、植物生境的影响，有些影响是无法避免的，有些影响是可以采取适当措施减缓的。规划环评报告把管空间、优布局作为首要任务，把推动区域环境质量改善作为首要目标。基于汤溪河流域生态特征和国家相关规划对流域的定位，明确了流域功能定位。结合流域功能定位、地方生态红线划定情况、“水十条”实施考核要求、水资源管理三条红线及国家和地方相关环境管理政策，拟定了流域开发应遵循的“三线一单”，以此作为流域利用活动的刚性约束。

规划环评在强化“三线一单”约束的基础上，辨识了生态保护红线的影响源，开展规划环境影响评价，并据此提出了优化规划布局、调整规划规模、合理安排开发时序的要求，从而在规划层面上减少了综合规划实施对流域生态环境的影响。

二、渝北区朝阳河流域综合规划

（一）流域基本情况

朝阳河（栋梁河）发源于渝北区古路镇的多宝，由北向南沿向斜东翼发育，途经双凤桥街道，在玉峰山镇土地堡处出区境，全流域面积 135.1 平方千米，境内流域面积 124.5 平方千米，河流全长 30.7 千米，境内河长 23.4 千米，长年不断流。朝阳河流域地貌特征呈树枝条状，流域内河网密集，支流较多，朝阳河纵贯玉峰山镇南北，河床平均宽度 50 米。朝阳河流域属显著亚热带湿润季风气候特点。具有冬暖春早、秋短夏长、初夏多雨、无霜期长、湿度大、风力小、云雾多、日照少的气候特点。水资源时空分布极不均匀，季节性缺水明显，年内降雨主要集中在 5—10 月，占全年的 76.8%。最大降雨一般是 6 月，降雨量占全年的 16.1%；最小降雨一般是 1 月，降雨量占全年的 2%。多年平均降水量为 1150 毫米，多年平均水面蒸发量为 912.26 毫米，多年平均径流深为 550 毫米，区境内流域多年均年径流量 0.68 亿立方米。

流域地质属沉积岩广泛发育区，断裂少，但河床淤积严重，在朝阳河玉峰山镇观音天处一座小（2）型水库的拦河坝被泥沙填平了。地形起伏大，河谷深切，水资源开发利用成本高，表现为过境流量大，水资源开发利用程度低，工程性缺水突出。流域内自然资源丰富。朝阳河纵贯玉峰山镇南北，有天然气井一口，日产气量达50000立方米。植被属亚热带湿润常绿阔叶林区，原生植被破坏后逐渐生成次生林，分布在各山脉。铁山坪一带有野生植物97科219属329种，其中野生中药材123种。经济林木主要有柑橘、柚、梨、桃、李、苹果、樱桃、枇杷、核桃、桑、茶、银杏、榕树、铁树、桂花、罗汉松、山茶花等，近年来还引进了不少热带观赏植物品种。朝阳河流域内洪涝、旱、水土流失等灾害时常发生。主要灾害有倒春寒、水土流失、洪灾、旱灾、间有冰雹等。

区境内朝阳河流域主要涉及2个镇和1个街道，土地面积188.58平方千米。2020年（第七次人口普查）总人口达16.23万人，其中城镇人口12.04万人，农村人口4.19万人。

朝阳河水系属长江水系，水资源丰富。全区多年平均当地地表水资源量7.18亿立方米，而朝阳河流域地表水多年平均年径流量为0.74亿立方米，区境内多年平均年径流量0.68亿立方米，占当地地表水资源总量的9.5%。朝阳河流域地表水资源量见表5–1。朝阳河流域水资源开发程度极低，目前仅有一个水利工程为丰收水库，其库容13.4万立方米，另外有少数山坪塘等小型水利工程。水利开发利用方面存在的问题主要体现在以下几个方面：

表5–1 朝阳河流域地表水资源量表

流域范围	集雨面积（平方千米）	径流深（毫米）	统计参数（CS=2CV）	多年均径流总量（亿立方米）	不同频率年径流总量（亿立方米）		
					50%	75%	95%
全流域	135.1	550	CV=0.4	0.74	0.71	0.52	0.33
区境内流域	124.5	550	CV=0.4	0.68	0.65	0.48	0.30

流域内地表水资源丰富，境内多年均年径流量6800万立方米，水质良好，却极少被开发利用，现有蓄水工程调蓄能力不足。现状的水源工程的发展，满足不了生活用水和工农业用水的需求，目前生活和工农业等各方面的水量

供需矛盾还相当突出，随着城镇人口和经济总量的不断增长，生活和工农业缺水的问题亦将日趋严重；该流域地下水也很丰富，可根据需要合理地开发利用。

水资源缺乏统一管理。水资源的多部门管理难以实施水资源合理配置和优化调度；水量与水质管理脱钩，影响水资源有效保护的实施；城乡水管理分割，不利于节水工作的开展和水资源的合理调配。

水量利用效率有待进一步提高。流域内供水设施很少，而且老化，已不适应当前社会发展的需要。

流域内洪涝灾害时有发生，防洪设施很薄弱。

因此，朝阳河流域水资源的利用对水利工程的依赖性大，属工程型缺水地区。

朝阳河流域干支流都没进行过综合规划，也没有开展过专业规划。规划前期工作为收集大量基础资料，然后对资料整理、分析、论证，征求意见，据此总结预测出区境内流域及城区的近期、中期及远期各水平年的社会经济指标和需水量指标，然后结合渝北区城区供水水源现状能力，进行水量供需平衡分析，最后根据分析结果，提出解决问题的措施及办法。

朝阳河流域开发利用程度很低，而根据重庆市两江新区的划定和国家批准的保税港区的设立，以及城镇化进程的加快，渝北区的城区规模，人口、工业的迅速发展，需水量越来越大。随着产业结构的调整，城市规模、人口和二、三产业的迅速发展，供需矛盾日益突出，为了解决这个供需矛盾，因地制宜合理开发利用朝阳河流域的优质水源，在朝阳河流域干流的上游修建一座中型水库——苟溪桥水库，作为渝北区城区供水的后备水源；在朝阳河干流的中下游修建一个小（1）型水库——龙门桥水库，作为当地生态农业灌溉、工业和景观的用水保障水源。为了保证朝阳河中下游的水质，在朝阳河中下游拟建一个日处理污水 5 万吨的污水处理厂——石坪污水处理厂和一个旱土污水处理站；或者把原两路城区和玉峰山镇的生活污水及生产废污水的污水管网并入唐家沱的污水管网，此方案前期投入大，但以后的运行成本较低。

（二）规划指导思想及原则

全面贯彻落实“以人为本、全面、协调、可持续”的科学发展观，紧紧围绕全面建设小康社会和构建社会主义和谐社会的目标，按照建设资源节约型、环境友好型社会的要求，统筹考虑经济社会的发展要求与水资源、水环境的承载能力，处理好需要与可能、发展与保护等关系。以维护河流健康、促进人水和谐为宗旨，努力减轻洪涝、干旱等灾害损失，进一步完善防洪减灾体系建设；切实保障城乡供水安全，合理开发、综合利用水资源，提升水利服务于经济社会发展的综合能力，进一步完善水资源综合利用体系建设；大力加强水土流失治理、水资源保护，进一步完善水生态与环境保护体系建设；努力推进流域水利政策法规建设，流域治理、开发、保护非工程措施建设，进一步完善流域水利管理体系建设。以水安全和水资源的可持续利用支持经济社会的可持续发展。

遵循国家现行政策法规，从西部大开发、重庆市主城区和流域所在区县社会经济可持续发展及流域资源可持续全面开发利用出发，根据流域特点并结合流域治理开发现状及存在的问题，按照统一规划，全面安排、综合治理、综合利用的原则制定流域开发的原则和方针：

一是坚持以人为本的原则。以保障流域人民生命财产安全为目标，安排好防洪工程措施和非工程措施；优先安排城市生活供水及农村饮水；按照不断提高人民生活水平和质量的要求，着力解决好其他直接影响人民群众生活、身体健康和生命安全的涉水问题；加强管理能力建设，提高水利现代化管理和服务水平。

二是坚持人与自然和谐、建立环境友好型社会的原则。在开发中落实保护、在保护中促进开发，处理好经济社会发展与水生态和环境保护的关系，当前利益与长远利益的关系，维系健康河流，保障流域社会、经济、环境的可持续发展。

三是坚持流域水利与经济社会全面、协调、可持续发展的原则。水利发展要为经济社会提供支撑和保障，经济社会发展布局要充分考虑水资源和水环境的承载能力。

四是坚持水资源综合利用、合理开发的原则。在服从防洪总体安排的前提下，优先安排城乡生活及必要的生态用水，统筹考虑供水、灌溉、水力发电、航运等方面的需要，并努力满足人民群众对生活、生产、生态用水安全的需要。

五是坚持因地制宜、统筹发展、突出重点、兼顾一般的原则。按照城乡统筹发展、区域统筹发展的要求，对流域内的重点防洪保护区及蓄滞洪区、水资源短缺地区、水土流失和水污染重点治理区，制定切实可行的规划方案。

六是坚持统一规划、全面发展、适当分工、分期进行的原则。正确处理远景与近期、干流与支流、上中下游，大中小型、整体与局部、保护与开发及综合利用各部门之间的关系。

朝阳河在渝北区境内流域面积约为124.5平方千米，境内河长23.4千米。地表水资源丰富，多年均年径流量达6800万立方米，但蓄水工程很少。朝阳河流域干支流未进行过综合规划和专项规划。为了解决供需矛盾，因地制宜合理开发利用朝阳河流域的优质水源，为居民和经济社会的发展服务。根据该流域的实际情况制定流域规划目标如下：

结合流域内社会经济发展情况，对流域统一进行综合规划，全面安排、综合治理，使流域内水资源得到合理利用，实现资源优化配置；建立防洪、抗灾保护体系，提高抵御洪水、旱灾害的能力；加强水土保持和水质保护，提高流域生态与环境保护的能力；并提出适合当地经济发展的水利工程措施及水利管理建议，为流域内的资源开发及河道治理的科学决策、为水利工程建设和管理提供依据；从而提高流域水资源配置、综合利用和综合管理的能力。

规划的任务：开展规划范围内及渝北区城区的基础资料调查工作，对本流域内及渝北区城区的工农业和生活用水进行供需平衡，研究工程措施方案和节水措施，缓解区域水的供需矛盾，优化配置水资源；通过工程措施与非工程措施相结合，为流域内镇街及渝北区建立防洪、抗灾保护体系；根据城市发展规划，对渝北区城区供水后备水源进行规划；通过生物和工程措施，扩大植被恢复范围，流域一定区间实行退耕还林，增加蓄水保土功能，解决流域的水土流失问题；加强水资源的保护工作，提高河流健康水平。

（三）经济社会发展预测及需求分析

按照行政区划，朝阳河流域主要涉及2个镇和1个街道，2020年渝北区户籍总人口为146.51万人，其中非农业人口31.95万人，城镇化率89.05%。土地面积为188.58平方千米，全区粮食播种面积为30.78万亩，实现工农业产值为577.32亿元。渝北区城区2020年社会经济情况见表5-2。

表5-2 渝北区城区2020年社会经济情况表

镇街名称	人口（人）		土地面积（平方千米）	耕地面积（亩）	工农业总产值（万元）
	总人口	非农业人口			
双龙湖街道	63633	63045	22.50	32	35173
回兴街道	57205	57205	16.42	102	846755
玉峰山镇	29857	16101	61.12	13809	2679792
双凤桥街道	53819	51980	34.50	1086	5190456
合计	204514	188331	134.54	15029	8752176

流域内的双凤桥街道已经属于渝北区的城区范围，玉峰山镇已经被新规划为城区镇，它位于渝北区东南部，绝大部分区域处于重庆主城规划控制区。玉峰山镇辖10个行政村，2个社区。东与江北区接壤，西临回兴街道，南与江北区寸滩、唐家沱毗邻，北连双凤桥街道，距重庆市中心城区25千米，镇政府距区政府驻地10千米，距江北机场7千米，距江北区寸滩深水港码头6千米，距唐家沱火车编组站5千米，是重庆市加速形成“一城五片，多中心组团式”城市格局中“北部片区”的重要组成部分，区位优势十分突出。渝北区紧紧围绕建设长江上游空港强区的目标，加快推进新型工业化、农业产业化和城市化进程，全区社会事业和经济建设都取得了很大的发展。工业经济的主导地位明显，旅游业和农业也不断取得新发展。

渝北区位于重庆市北部的核心位置，地理位置非常特殊，是水陆空交通枢纽。在“十三五”时期，渝北区战略性新兴制造业占规模以上工业总产值比重达到45%，5个千亿级产业集群从无到有、从小到大，成为新的增长点。城市建成区面积超过200平方千米，新增城市绿地面积751万平方米，城市管理满意度居主城前列，“机场城市、公园城市、智慧城市”加快融合。全区高质量发展动能持续增强，社会和谐稳定局面持续巩固，为开启社会主义现代化建设新征程奠定了坚实基础。渝北区“十四五”经济社会发展的战略定位为，要紧扣全市建成高质量发展高品质生活新范例，全面建设现代产业集聚区、协同创新引领区、内陆开放先行区、城乡融合示范区。

玉峰山镇在重庆北部内陆开放示范区建设的统一部署下，以科学发展观为指导，以双井村纳入保税港区为重要契机，以完善交通基础设施、提升区位条件为突破口，以生态经济发展为主题，以综合性物流产业、都市森林度假业、都市休闲农业为重点，以产业链构建为引导，促进产业集群、集聚和产业升级，强化各类产业空间的集聚，形成主导产业发达、空间集聚明显、产业结构合理、资源集约利用的新兴产业发展与布局体系，为玉峰山片区实现又好又快发展奠定了产业基础。玉峰山片区抓住发展机遇，发挥优势，明确在重庆市及区域经济中的产业定位为一区两基地，即：重庆市都市森林度假区、重庆市综合性物流配套基地、重庆市都市休闲农业基地。

朝阳河纵贯玉峰山镇南北，现状水资源开发利用程度很低，现在根据需要开发治理朝阳河流域，优化、合理调配水资源，在满足当地人民生活和生产用水的情况下，同时也成为渝北区城区（双龙湖街道、双凤桥街道、回兴街道和玉峰山镇）供水的后备水源地，解决渝北区城区人民生活饮水不足的困难，治理洪涝、干旱、水土流失等自然灾害，最大限度确保河流健康的生态，使流域经济走上健康持续发展的轨道。

根据渝北区国民经济和社会发展的“十四五”规划纲要，“十四五”主要目标是：要紧扣全市建成高质量发展高品质生活新范例，全面建设现代产业集聚区、协同创新引领区、内陆开放先行区、城乡融合示范区。高质量发展成效显著提升，改革开放能级显著提升，山清水秀美丽渝北建设水平显著提升，高品质生活供给能力显著提升，社会文明程度显著提升，治理效能显著提升。

2020 年，渝北区实现地区生产总值 2009.52 亿元，比上年增长 3.6%，总量持续位居全市第一；三次产业结构比为 1.4 ∶ 32.6 ∶ 66.0，民营经济增加值 852.03 亿元，占全区经济总量的 42.4%；全社会 R&D 经费支出占 GDP 比重达到 3.3%；固定资产投资 471 亿元。“十三五”期间，城市建成区面积超过 200 平方千米，新增城市绿地面积 751 万平方米，城市管理满意度居主城前列，“机场城市、公园城市、智慧城市”加快融合。社会民生持续改善。城镇新增就业 34 万人，新增各类学校 82 所，人均受教育年限达 11.8 年，完成城市棚户区和危旧房改造193万平方米、农村危旧房改造6.9万户，建成农转城安置房170万平方米，居民健康素养水平持续提升，城乡养老、医疗保险参保率均达到96%。人民生活水平大幅提升，现行标准下农村贫困人口全部脱贫。

渝北区城区位于重庆航空城的建设范围。航空城内重点规划布局空港物流区、空港商务区等功能区。重庆航空城的功能定位为临空经济同重庆市区域经济互动的结合点，重庆市现代服务业的重要基地。航空城的产业重点是：坚持以现代服务业为主，重点突出航空运输类产业、空港保税物流园区、现代服务业、高科技制造业，使航空城成为人流、物流、资金流的汇集地。抓住航权开放和扩建机场二跑道的契机，做大航空客货运输业。在回兴街道、玉峰山镇的石坪辖区规划建设空港物流园区，构建以航空运输为主，以铁路、水路、公路运输为辅的运输网络，培育发展航空物流业。依托航空港的独特优势，选择交通便利区域规划建设空港商务区，吸引航空公司以及国内大型公司、跨国公司入驻，打造集商务、宾馆、会展为一体的综合性商业服务区，促进总部经济和会展经济的发展。

结合国家未来GDP年均增长速度，以及渝北区在重庆市的经济发展定位，渝北区城区已成为初具现代化的新型城市，由于2020年前GDP的增长水平较高，到了2020年渝北区城区GDP达到较高水平，基数较高，因而远期的增长速度将放低放慢，2020—2025年GDP增长率，双龙湖街道取5%，回兴街道取7%，双凤桥街道取7%。玉峰山镇基数较低，因而中期的增长速度较快，2020—2025年GDP增长率，玉峰山镇取20%。

到2025年，渝北区城区地区生产总值达到825.3亿元，户籍总人口20.59万人，城镇人口达19.5万人，城镇化率达95%，粮食播种面积1.31万亩。2025年渝北区城区社会经济指标预测成果见表5-3。

表5-3　2025年渝北区城区社会经济指标预测成果统计表

镇街名称	人口（人）		土地面积（平方千米）	粮食播种面积（亩）	工农业总产值（万元）
	总人口	非农业人口			
双龙湖街道	60000	60000	22.50	10	47297
回兴街道	59000	59000	16.42	50	1307621

续表

镇街名称	人口（人）		土地面积（平方千米）	粮食播种面积（亩）	工农业总产值（万元）
	总人口	非农业人口			
玉峰山镇	29000	19000	61.12	12400	8340948
双凤桥街道	57900	57000	34.50	640	10919779
合计	205900	195000	134.54	13100	20615285

（四）水资源评价与配置

朝阳河流域内已建水利工程中，大的就是丰收水库，总库容 13.4 万立方米，是当地的饮用水源；小的就是塘，数量也很少，开发利用率很低。

朝阳河流域地表水多年平均年径流量为 0.74 亿立方米，其中在渝北区境内地表水多年平均年径流量为 0.68 亿立方米，径流变差系数 0.4，多年平均径流深为 550 毫米。朝阳河的地下水也较丰富，在地表水不足的情况下可以适当合理开发利用。

朝阳河流域中上游无污染型工矿企业，农业面源污染也甚微，水质未受到污染，流域出口断面水质达到地表水Ⅱ—Ⅲ类水质标准，是优质的城市生活饮用水源；下游水质被轻度污染，地表水水质为Ⅲ—Ⅳ类标准。因此，在开发利用的同时一定采取有效措施加以保护，保证水质不被污染恶化，已经被污染的水要采取措施治理，以最大限度地维护河流的健康。

朝阳河流域新建苟溪桥水库后，2010—2020 年蓄水工程可供水总量为 1213.4 万立方米；龙门桥水库建成后，2030 年蓄水工程可供水总量为 1376.4 万立方米。

渝北区城区（双凤桥街道、双龙湖街道和回兴街道）名义上是嘉陵江梁沱水厂供水，而实际上梁沱水厂水量早已严重不足，城区大部分是采用的原仁睦水厂（新桥水库的水）供水，随着渝北空港园区的快速发展，仁睦水厂原水水质形势严峻。悦来水厂取水口设在嘉陵江悦来场，属长江三峡水库尾水区域，悦来、蔡家、空港园区等几大组团均在悦来取水口上游。随着三峡水库正式蓄水后，江河自净能力将大幅度下降，加之今后城市快速发展，污染也将会越来越重。从长远看，悦来取水口水质也不容乐观，形势将更加严峻。为搞好渝北城区应急和后备水源建设，按照市政府批复的《重庆市城区水资源规划报告》和国家发改委批复的《全国中型水库建设规划报告》，渝北区开工建设重庆北部城区第一座应急和后备水源工程——观音洞水库。为了满足城市的发展，解决渝北区城区水质安全和水量问题，合理开发配置当地水资源，需继续在渝北区近郊有条件的河流开辟新的城市供水水源。

渝北城区仅由仁睦水厂和梁坨水厂供水，由于梁坨水厂同时承担江北区、北部新区的供水任务，2007 年对两路城区年供水仅 2000 万吨，仁睦水厂对两路城区年供水为 1000 万吨。观音洞水厂建成后对两路城区和空港经济开发区设计年供水能力 4147 万吨，规划中的悦来水厂 2010 年建成一期工程，对渝北区城区设计年供水能力为 4345 万吨，渝北城区总供水能力达 11492 万吨。2010—2030 年各水平年水量供需平衡预测成果统计见表 5–4。

表 5–4　2010—2030 年各水平年水量供需平衡预测成果统计表

区域	水平年	可供水量（万立方米）	需水量（万立方米）	供需平衡结果（万立方米）
				余（+）缺（–）
城区	2010 年	11492	10480	+ 1012
	2020 年	11492	30977	–19485
	2030 年	11492	37036	–25544

（五）流域总体规划

河流功能区划的原则：按照维护河流生态健康，促进流域经济可持续发展的原则对河流进行功能区划。

朝阳河流域的功能定位：维护河流生态健康的前提下，作为渝北区城区饮用水的后备水源地，同时为工业、生态农业和景观用水提供保障。

根据城市规划布局，朝阳河流域中上游水质优良，流域出口断面水质达到地表水Ⅱ—Ⅲ类水质标准，确定为城区饮水蓄水区；朝阳河流域下游水质受到了轻度污染，流域出口断面水质达到地表水Ⅲ—Ⅳ类水质标准，确定为工业、生态农业和景观用水蓄水区。

渝北区境内的朝阳河功能区划为：上游作为城市饮用水水源蓄水区；中下游作为生态农业，工业和景观用水的蓄水区。因此供水安全保障的任务是：按照流域水资源保护规划做好供水安全保护；按照流域规划开发、利用、保护水资源；在水土保持方面，按照流域规划，2010 年、2020 年、2030 年各治理完成现有水土流失面积的 30%、60%、100%；各水平年同时做到新生的水土流失能即时治理；以可持续利用为目标，以资源水利为取向，以权属管理为龙头，全面实现流域水资源的统一管理，最大限度使流域水资源为人民生活和社会经济的发展服务。

朝阳河流域综合规划是针对流域存在的主要水利问题，按照全面规划、统筹兼顾、综合治理、讲求效益的原则，对供水、灌溉、水土保持和水资源保护和流域管理等各方面进行规划，并从中选择效益较好、当地社会发展和国民经济急需的近期工程。流域总体规划情况如下：

供水规划包括供水水源规划、水厂新建规划。供水水源规划工程包括苟溪桥水库工程、龙门桥水库工程。两个水库供水能力分别为 1200 万立方米、163 万立方米，两个水库总供水能力为 1363 万立方米。水厂新建规划结合城市发展和市政规划进行规划。规划工程包括新建水厂一座，新增供水能力 5 万吨 / 天。供水工程估算总投资为 48000 万元。

水资源保护规划。根据规划中渝北区环保局对朝阳河河流水质监测结果，朝阳河中上游水质为Ⅱ—Ⅲ类，水质优良，下游水质为Ⅲ—Ⅳ类，受轻度污染。根据朝阳河水质的不同现状及社会经济发展的远景需求，拟定朝阳河的水质目标为Ⅱ—Ⅲ类。水资源保护的原则是"节污水之流（减少污染源），开清水之源（河流的自净稀释能力）"，采取标本兼治的办法。根据朝阳河的具体情况，提出工程措施与非工程措施并举的水资源保护思路。工程措施主要有治理污染源、治理城镇水污染、减少农业污染、保护水库的水质、开展防治污染的科学研究、搞好防护林建设等。非工程措施主要有加强宣传、加强水质监测、实行计划用水和节约用水、健全法律法规等。水资源保护工程估算总投资为 13000 万元或 19000 万元。

灌溉规划。综合规划的现状灌区面积较小，以实施节水灌溉措施为主，以沟渠、山坪塘等小型水利设施为辅保证农业需水，规划节水灌溉面积 2010 年为 4 万亩，2020 年为 2.8 万亩，2030 年为 1 万亩。灌溉工程估算总投资为 2000 万元。

水土保持规划。朝阳河流域的水土流失面积共计 7825 公顷，流失率为 30%。水土流失面积中，中度水土流失所占比重较大为 76.6%。流域水土流失以水力侵蚀类型为主。水土保持以“预防为主、全面规划、综合治理、因地制宜、加强管理、注重效益”为指导思想，针对流失区的侵蚀形式和土壤、地形、水文状况的特点，开展以小流域为单元的综合治理，建立水土保持生态建设示范区，至2020年，把水土流失率降至12%以内，即完成水土流失治理面积4695公顷。使土地利用的结构得到合理调整，增强防灾减灾能力，强度以上的水土流失区基本得到治理，新增人为水土流失能得到及时治理，初步形成水土保持生态防治体系，具备健全的水土保持生态环境保护监管和预警评价系统。

按照制定的治理目标，综合考虑朝阳河流域的自然地理条件、水土流失程度、分布情况及危害的区域特点，结合规划期内水土资源开发利用的实际情况，考虑水土流失程度及地形地貌等因素，将流域分成2个区，即重点预防保护区和重点治理区。根据各区特性确定各自工作措施，采用生态、植物和工程治理措施，最大限度减少人为水土流失和破坏生态行为的发生，防止水土流失扩展。水土保持工程估算总投资为4695万元。

流域管理规划。针对现状流域水利管理中存在的问题，为提高朝阳河流域水资源综合开发利用程度，使流域水利管理逐步适应未来城区防洪、排涝、环境及经济发展等多方面的要求，并结合渝北区空间发展规划及发展的定位分析，对流域水利管理提出如下思路，以可持续利用为目标，以资源水利为取向，以权属管理为龙头，全面实现水资源统一管理。流域水利管理应采取统一管理和分级负责相结合的原则。应按照工程性质不同分别设立不同的管理机构。应建立健全各项管理制度。按照水利项目的性质不同采用不同的方式落实管理经费。

规划工程建设造成的陆生生物损失量可通过采取措施得到一定程度的补偿，其他不利环境影响大多可以通过采取相应的环保措施予以减免。只要在工程的建设和运行过程中加强管理，确保实施报告书中提出的环保措施，从环境保护角度看，规划工程建设是可行的。规划工程项目包括供水水库及配套供水水厂，灌区节水灌溉工程、流域水土保持工程、水资源保护工程等项目。工程静态总投资7.97亿元或8.57亿元（其中近期工程4亿元，远期工程3.97或4.57亿元）。

根据1994年《水利建设项目经济评价规范SL72-94》、1993年《建设项目经济评价方法与参数》等有关规范，仅对流域规划近期工程进行国民经济评价。工程可实现效益为：供水效益1566万元/年。按规定计算知各项国民经济评价指标都符合规范要求，敏感性分析表明规划工程项目具有较强抗风险能力，在经济上是可行的、合理的。作为社会公益性质的水利建设项目，规划工程同时具有防洪、排涝、供水、灌溉等综合效益。工程建成后，对渝北区城区人民生活生产和全区的经济增长起重要的保障作用，社会效益十分显著。

综上所述，规划不仅经济效益良好，而且社会效益显著，项目可行。按照渝北区的发展目标，供水水源工程及与之相配套的水厂工程应当作为首选工程。根据规划工程的迫切性及工程前期工作的进展情况，推荐苟溪桥水库工程及配套水厂工程作为规划的近期实施工程。规划重点内容包括水资源供需分析与评价、供水、灌溉、水土保持、水资源保护、环境影响评价和流域水利管理等方面的内容。并根据总体规划提出规划的近期工程实施意见。

第六章 重庆市绿色绩效评价

第一节 绿色发展评价体系

一、绿色发展评价体系来源

资源环境生态问题是我国现代化进程中的瓶颈制约，也是全面建成小康社会的明显“短板”。党中央、国务院就推进生态文明建设做出一系列决策部署，提出了创新、协调、绿色、开放、共享的新发展理念，印发了《关于加快推进生态文明建设的意见》《生态文明体制改革总体方案》，“十三五”规划纲要进一步明确了资源环境约束性目标，增加了很多事关群众切身利益的环境质量指标。

习近平总书记、李克强总理多次对生态文明建设目标评价考核工作提出明确要求，2016年中央将《生态文明建设目标评价考核办法》列入了改革工作要点和党内法规制定计划，说明这项工作十分重要，该办法的出台：

一是有利于完善经济社会发展评价体系。把资源消耗、环境损害、生态效益等指标的情况反映出来，有利于加快构建经济社会发展评价体系，更加全面地衡量发展的质量和效益，特别是发展的绿色化水平。

二是有利于引导地方各级党委和政府形成正确的政绩观。实行生态文明建设目标评价考核，就是要进一步引导和督促地方各级党委和政府自觉推进生态文明建设，坚持“绿水青山就是金山银山”，在发展中保护、在保护中发展，改变重发展、轻保护或把发展与保护对立起来的倾向和现象。

三是有利于加快推动绿色发展和生态文明建设。实行生态文明建设目标评价考核，使之成为推进生态文明建设的重要约束和导向，可加快推动中央决策部署落实和各项政策措施落地，为确保实现 2020 年生态文明建设的战略目标提供重要的制度保障。

二、绿色发展科学评价体系

在建设生态文明的长期过程中，科学合理的绿色发展指数的明确会为全社会评价地方绿色发展阶段明晰标准。2017 年，国家统计局、国家发改委、环境保护部、中央组织部会同有关部门共同发布了我国各地区的绿色发展指数。这是我国官方首次发布绿色发展指数，意义堪称重大。对此，外界舆论给予了一致性认可评价，认为科学、合理、公正、权威的绿色发展指数是绿色发展评价体系的重要组成部分，对完善我国生态文明建设国家治理体系以及推动全国上下进一步明确生态文明建设方向，谋求绿色转型发展而言无疑将带来助推剂的良性作用。

生态文明建设的提出与我国寻求经济结构调整和转型发展不期而遇，又逢世界经济调整期，我国经济走向新常态的发展阶段。值得一提的是，我国经济进入新常态，经济发展方式要从过去粗放的、追求数量的增长向质量效益型增长转变，环境问题已成全面建成小康社会之短板，必须在供给侧结构性改革中补齐，加大治理力度，推动绿色发展取得新突破。治理污染、保护环境，事关人民群众健康和可持续发展，必须强力推进，下决心走出一条经济发展与环境改善双赢之路。

决策层早已明确提出的既定方向，而围绕对生态环境的保护，以及建设美丽中国等一系列目标要求，势必需要从制度机制上营造出有利于地方遵循的发展路径，其中，在摒弃唯 GDP 论的考核评价体系之余，提出绿色发展指数势必能为地方提升实现绿色发展积极性带来积极作用。当然，这一过程注定是长期的，但正如党的十九大报告所指出的，“建设生态文明是中华民族永续发展的千年大计。必须坚持节约资源和保护环境的基本国策，实行最严格的生态环境保护制度。”

科学合理的绿色发展指数的明确会为全社会评价地方绿色发展阶段明晰标准。遵照党中央和国务院指示精神，在研究和总结国内外绿色发展和可持续发展等相关理论和实践成果的基础上，结合中国经济增长和环保的现实，

《绿色发展指标体系》和《绿色发展指数计算方法》研制和2016年绿色发展指数测评工作完成，绿色发展指标体系的特点是：既强调把绿色与发展结合起来的内涵，强调了资源、生态、环境、生产与生活等多方面，更突出了各地区的绿色发展的测评与比较。

标准体系能够科学涵盖经济社会的绿色发展水平，有助于地方不断改进政策措施，继而持续提升我国生态环境总体向好的态势。生态文明建设提出到2020年资源节约型和环境友好型社会建设取得重大进展、主体功能区布局基本形成、经济发展质量和效益显著提高、生态文明主流价值观在全社会得到推行、生态文明建设水平与全面建成小康社会目标相适应的主要目标。官方编制和公布绿色发展指数，其目的就是为了服务于构建政府为主导、企业为主体、社会组织和公众共同参与的生态文明建设体系，共同为富民强国做贡献。正如党的十九大报告所提出的，建设生态文明是中华民族永续发展的千年大计。绿色发展与生态文明建设一样，同样应属千年大计，功在当代利在千秋。因此，值得呼吁的是，全社会应秉承我国发布绿色发展指数契机，用好科学评价工具，坚定不移地推进生态文明建设，推动美丽中国建设不断向前迈进。

三、绿色发展指标体系内容

绿色发展指标体系，包含考核目标体系中的主要目标，增加有关措施性、过程性的指标，指标体系总共分为两级指标，一级指标中包括资源利用、环境治理、环境质量、生态保护、增长质量、绿色生活、公众满意程度7个方面，二级指标中共包括56项评价指标，测算方法采用综合指数法测算生成绿色发展指数，衡量地方每年生态文明建设的动态进展，侧重于工作引导。年度评价按照《绿色发展指标体系》实施，主要评估各地区生态文明建设进展的总体情况，引导各地区落实生态文明建设相关工作，每年开展一次。其中具体的绿色发展指标体系测算如下表：

表 6–1

绿色发展指标体系

一级指标	序号	二级指标	计量单位	指标类型	权数（%）	数据来源
资源利用（权数=29.3%）	1	能源消费总量	万吨标准煤	◆	1.83	省统计局、省发改委、省能源局
	2	单位 GDP 能源消耗降低	%	★	2.75	省统计局、省发改委、省能源局
	3	单位 GDP 二氧化碳排放降低	%	★	2.75	省发改委、省统计局
	4	可再生能源生产量	万千瓦时	★	2.75	省能源局、省统计局
	5	用水总量	亿立方米	◆	1.83	省水利厅
	6	万元 GDP 用水量下降	%	★	2.75	省水利厅、省统计局
	7	单位工业增加值用水量降低率	%	◆	1.83	省水利厅、省统计局
	8	农田灌溉水有效利用系数		◆	1.83	省水利厅
	9	耕地保有量	万亩	★	2.75	省国土资源厅
	10	新增建设用地规模	万亩	★	2.75	省国土资源厅
	11	单位 GDP 建设用地面积降低率	%	◆	1.83	省国土资源厅、省统计局
	12	资源产出率	万元、吨	◆	1.83	省统计局、省发改委
	13	一般工业固体废物综合利用率	%	△	0.92	省环保厅
	14	农作物秸秆综合利用率	%	△	0.92	省农业厅
环境治理（权数=20.2%）	15	化学需氧量排放总量减少	%	★	2.75	省环保厅
	16	氨氮排放总量减少	%	★	2.75	省环保厅
	17	二氧化碳排放总量减少	%	★	2.75	省环保厅
	18	氮氧化物排放总量减少	%	★	2.75	省环保厅
	19	危险废物处置利用率	%	△	0.92	省环保厅
	20	生活垃圾无害化处理率	%	◆	1.83	省建设厅
	21	污水集中处理率	%	◆	1.83	省建设厅
	22	环境污染治理投资占 GDP 比重	%	△	0.92	省环保厅、省建设厅、省统计局
	23	农村生活垃圾减量化资源化无害化处理建制村覆盖率	%	◆	1.83	省农办
	24	城镇生活垃圾增长率	%	◆	1.83	省建设厅

续表

一级指标	序号	二级指标	计量单位	指标类型	权数（%）	数据来源
环境质量（权数=19.3%）	25	空气质量优良天数比率	%	★	2.75	省环保厅
	26	细颗粒物（PM2.5）浓度降低率	%	★	2.75	省环保厅
	27	地表水达到或好于Ⅲ类水体比例	%	★	2.75	省环保厅、省水利厅
	28	地表水劣Ⅴ类水体比例	%	★	2.75	省环保厅、省水利厅
	29	重要江河湖泊水功能区水质达标率	%	◆	1.83	省水利厅
	30	县级及以上城市集中式饮用水水源地水质达标率	%	◆	1.83	省环保厅、省水利厅
	31	近岸海域水质优良（一、二类）比列	%	◆	1.83	省海洋与渔业局、省环保厅
	32	受污染耕地安全利用率	%	△	0.92	省农业厅
	33	单位耕地面积化肥使用量	千克/公顷	△	0.92	省地方统计调查局
	34	单位耕地面积农药使用量	千克/公顷	△	0.92	省地方统计调查局
生态环保（权数=12.8%）	35	森林覆盖率	%	★	2.75	省林业厅
	36	森林蓄积量（林木蓄积量）	万立方米	★	2.75	省林业厅
	37	自然岸线保有率（大陆自然岸线保有长度）	%（千米）	◆	1.83	省海洋与渔业局
	38	湿地保护率	%	◆	1.83	省林业厅、省海洋与渔业局
	39	陆域自然保护区面积	公顷	△	0.92	省环保厅、省林业厅、省国土资源厅
	40	海洋保护区面积	公顷	△	0.92	省海洋与渔业局
	41	新增水土流失治理面积	公顷	△	0.92	省水利厅
	42	新增矿山恢复治理面积	公顷	△	0.92	省国土资源厅
增长质量（权数=9.2%）	43	人均GDP增长率	%	◆	1.83	省统计局
	44	居民人均可支配收入	元/人	◆	1.83	国家统计局浙江调查总队、省统计局
	45	第三产业增加值占GDP比率	%	◆	1.83	省统计局
	46	战略性新兴产业增加值占GDP比重	%	◆	1.83	省统计局
	47	研究与实验发展经费支出占GDP比重	%	◆	1.83	省统计局

续表

一级指标	序号	二级指标	计量单位	指标类型	权数（%）	数据来源
绿色生活（权数=9.2%）	48	公共机构人均能耗降低率	%	△	0.92	省机关事务管理局
	49	绿色产品市场占有率（高效节能产品市场占有率）	%	△	0.92	省发改委、省经信委、省质检局
	50	新能源汽车保有量增长率	%	◆	1.83	省公安厅
	51	绿色出行（城镇每万人口公共交通客运量）	万人次/万人	△	0.92	省交通运输厅、省统计局
	52	城镇绿色建筑占新建建筑比重	%	△	0.92	省建设厅
	53	县级及以上城市建成区绿地率	%	△	0.92	省建设厅
	54	农村自来水普及率	%	◆	1.83	省水利厅
	55	农村无害化卫生厕所普及率	%	△	0.92	省卫生计生委
公众满意程度	56	公众对生态环境质量满意程度	%	—	—	省统计局等有关部门

注：（1）标★的为《国民经济和社会发展第十三个五年规划纲要》确定的资源环境约束性指标（其中：可再生能源生产量作为非化石能源占一次能源消费比重的替代指标）；标◆的为《国民经济和社会发展第十三个五年规划纲要》《中共中央、国务院关于加快推进生态文明建设的意见》等提出的主要监测评价指标；标△的为其他绿色发展重要检测指标，根据其重要程度，按总权数为100%，三类指标的权数指标为3 ∶ 2 ∶ 1计算，标★的指标权数为2.75%，标◆的指标权数为1.83%，标△的指标权数为0.92%，6个一级指标的权数分别由其所包含的二级指标权数汇总生成。

（2）绿色发展指标体系采用综合指数法进行测算，“十三五”期间，以2015年为基期，结合“十三五”规划纲要和相关部门规划目标，测算重庆市及各市、县（市、区）绿色发展指数和资源利用指数、环境治理指数、环境质量指数、生态保护指数、增长质量指数、绿色生活指数6个分类指数。绿色发展指数由除“公众满意程度”之外的55个指标个体指数加权平均计算而成。

计算公式为：

$$Z=\sum_{i=1}^{N} W_iY_i\ (N=1,\ 2,\ \cdots,\ 55)$$

其中，Z为绿色发展指数，Y_i为个体指数，N为指标个数，W_i为指标Y_i的权数，绿色发展指标按评价作用分为正向和逆向指标，按指标数据性质分为绝对数和相对数指标，需对各个指标进行无量纲化处理。具体处理方法是将绝对数指标转化成相对数指标，将逆向指标转化为正向指标，将总量控制指标转化成年度增长控制指标，然后再计算个体指标。

（3）公众满意程度为主观调查指标，通过重庆市统计局组织的抽样调查来反映对生态环境的满意程度，调查采取分层多阶段抽样调查方法，通过采用计算机辅助电话调查系统，随机地抽取城镇和乡村居民进行电话访问，根据调查结果综合计算重庆市及各市、县（市、区）的公众满意程度，该指标不参与总指数计算，进行单独评价与分析，其分值纳入生态文明建设考核目标体系。

（4）省负责对个市、县（市、区）的生态文明建设进行监测评价，对有些地区没有的地域性指标相关指标不参与总指数计算，期权数平均分摊至其他指标，体现差异化。

（5）绿色发展指数所需数量来自各地区、各部门负责按时提供数据，并对数据质量负责。

第二节 绿色发展绩效评价关键指标解读

一、重庆绿色发展指数位居全国前列

根据2016年中办、国办印发的《生态文明建设目标评价考核办法》，我国对各省区市实行年度评价、五年考核机制，以考核结果作为党政领导综合考核评价、干部奖惩任免的重要依据。其中，年度评价按照绿色发展指标体系实施，生成各地区绿色发展指数。2017年，国家统计局、国家发展改革委、环境保护部、中央组织部会同有关部门，共同完成了首次生态文明建设年度评价工作，综合评价各地区绿色发展总体状况。

2017年，国家统计局发布了《2016年生态文明建设年度评价结果公报》，首次公布了2016年度各省份绿色发展指数，排名前5位的地区分别为北京、福建、浙江、上海、重庆。

二、重庆生态保护指数名列前茅

绿色发展指数的年度评价，是国家评价各地发展质量的重要依据，也是督促和引导各地推进生态文明建设的“指示器”和“风向标”。该指数由资源利用指数、环境治理指数、环境质量指数、生态保护指数、增长质量指数、绿色生活指数6项分类指数综合生成。与之同时进行的公众满意程度调查结果，则单独进行评价与分析。

从综合评价结果来看，得益于重庆市绿色发展步伐的加快，重庆以81.67的绿色发展指数得分，位列各省（区、市）的第五位；在公众满意度上，也以86.25%的满意度排名各省（区、市）的第五位。

重庆不仅在绿色发展指数综合排名中进入前五，生态保护分类指数更是拿到了排名第一的好成绩。生态保护分类指数在整个绿色发展指数中权重数较高，达到16.5%，其10项评价指标中，涉及重庆市的主要有森林覆盖率、森林蓄积量、湿地保护率、陆域自然保护区面积、可治理沙化土地治理率等指标。

重庆市牢固树立共抓大保护、不搞大开发理念，围绕筑牢长江上游重

要生态屏障，大力推进天然林保护、退耕还林、湿地保护与修复、石漠化治理等工作，生态环境发生了显著的变化，其中，重庆市森林覆盖率达到45.4%、林木蓄积量达到2.05亿立方米。这些巨大的改变，都使得重庆市在生态保护分类指数评价中取得了高分，最终获得了全国排名第一的好成绩。

三、积极引导各地加快推动绿色发展

《生态文明建设目标评价考核办法》要求，生态文明建设目标评价考核工作采取年度评价和五年考核相结合的方式，五年考核重在约束，年度评价重在引导。通过衡量过去一年各地区生态文明建设的年度进展总体情况的年度评价，发挥好"指示器"和"风向标"作用，扬长补短，积极引导各地区加快推动绿色发展，落实生态文明建设相关工作。

引领从资源、环境、生态、增长质量、生活方式等全方位共同发力，实现协调发展。建设生态文明，是一场涉及生产方式、生活方式、思维方式和价值观念的重大变革。绿色发展不仅仅体现为对生态的保护、对环境的整治，更是一种思想、一个理念、一种生活方式。通过6个分类指数分析比较在生态文明建设各个重点领域中取得的成绩和存在的问题。对于具有优势的领域要巩固和保持，对于需要改进和提高的领域要深入总结、分析研究，提出有针对性的解决措施并加以落实，补齐绿色发展短板，从资源、环境、生态、增长质量、生活方式等全方位共同发力，实现协调发展。

引领各地区齐头并进，补齐区域性短板，实现全面发展。党的十九大做出了加快生态文明体制改革、建设美丽中国的战略部署，"绿水青山就是金山银山"正在成为社会广泛的共识，但绿色发展不平衡不充分还客观存在，特别是6个分类指数和55个评价指标对比排名最后的市位县（市、区），更需要进一步解放思想，摒弃传统思维，真正把绿色发展理念贯穿、渗透到经济社会发展的方方面面，把绿色发展理念落到实处，并化为脚踏实地的行动，认认真真地抓，扎扎实实地干，努力通过环境治理倒逼产业转型升级，通过发展方式之变根治环境问题，实现生态文明建设、经济效益、生态效益、社会效益的有机统一，更好推动人的全面发展。

四、绿色发展报告体系指标分析

从2016年生态文明建设年度评价结果来看，公众满意程度排名前5位的地区分别为西藏、贵州、海南、福建、重庆。

从构成绿色发展指数的6项分类指数结果来看，资源利用指数排名前5位的地区分别为福建、江苏、吉林、湖北、浙江；环境治理指数排名前5位的地区分别为北京、河北、上海、浙江、山东；环境质量指数排名前5位的地区分别为海南、西藏、福建、广西、云南；生态保护指数排名前5位的地区分别为重庆、云南、四川、西藏、福建；增长质量指数排名前5位的地区分别为北京、上海、浙江、江苏、天津；绿色生活指数排名前5位的地区分别为北京、上海、江苏、山西、浙江。

国家统计局有关负责人表示，开展年度评价，对于完善经济社会发展评价体系，引导各地方各部门深入贯彻新发展理念、落实科学发展观、树立正确政绩观，加快推进绿色发展和生态文明建设，具有重要的导向作用。年度评价结果作为督促和引导地区推进生态文明建设的“指示器”和“风向标”，对于推动实现党中央、国务院确定的生态文明建设目标和“十三五”规划纲要目标具有重要意义。

第三节　典型区域绿色发展绩效评价

根据中共重庆市委办公厅、重庆市人民政府办公厅印发的《重庆市生态文明建设目标评价考核办法》和市环保局、市统计局、市发展改革委、市委组织部印发的《重庆市绿色发展指标体系》《重庆市生态文明建设考核目标体系》要求，现将2016年重庆市各区县（自治县）生态文明建设年度评价结果公布如下：

表 6-2　　2016 年重庆市各区县（自治县）绿色发展评价结果

地区	绿色发展指数	绿色发展指标体系分项						公众满意程度（%）
		资源利用指数	环境治理指数	环境质量指数	生态保护指数	增长质量指数	绿色生活指数	
万州区	76.73	76.60	74.68	85.98	71.15	75.38	71.41	85.89
黔江区	76.37	69.63	72.06	95.73	78.86	67.83	74.50	93.91
涪陵区	80.37	78.41	82.18	91.48	74.16	76.44	73.80	84.20
渝中区	77.13	76.42	71.63	93.53	60.00	80.02	75.89	86.80
大渡口区	78.94	76.90	78.66	89.02	62.34	85.75	80.03	89.46
江北区	79.33	72.61	77.17	92.92	71.27	83.68	84.29	88.17
沙坪坝区	79.22	75.28	79.75	85.07	73.87	87.98	77.44	89.17
九龙坡区	80.43	83.62	86.62	79.35	63.68	81.79	79.98	87.46
南岸区	80.38	79.79	81.92	89.10	65.99	81.50	79.15	86.06
北碚区	78.82	73.30	78.37	91.01	71.89	82.30	79.03	86.63
渝北区	79.01	76.06	82.10	87.67	69.41	78.89	78.19	88.49
巴南区	79.18	79.17	77.27	88.83	68.57	78.07	78.22	87.80
长寿区	79.14	80.56	81.71	86.49	68.04	74.18	74.34	90.91
江津区	78.38	84.38	71.52	84.23	72.37	76.19	69.87	91.51
合川区	76.11	76.42	71.42	89.91	65.81	73.28	72.62	97.31
永川区	77.60	77.63	84.42	81.55	68.84	75.93	70.06	87.06
南川区	77.47	75.66	77.23	87.37	74.88	71.07	74.50	94.69
綦江区	78.10	78.51	74.01	92.53	72.73	72.69	68.65	86.09
大足区	74.48	76.72	71.61	84.81	66.16	69.18	68.24	90.37
璧山区	76.92	78.54	73.43	84.69	64.42	77.31	77.98	96.17
铜梁区	75.24	79.67	71.46	82.67	69.95	67.81	67.63	93.94
潼南区	77.03	76.97	77.11	92.24	65.93	68.66	69.99	93.80
荣昌区	76.01	78.43	76.28	83.23	67.00	73.41	67.52	90.91
开州区	77.23	77.34	72.64	94.31	71.64	69.13	67.59	92.91
梁平区	77.78	78.86	78.30	88.21	70.22	70.73	69.82	91.74
武隆区	81.09	80.93	78.72	96.23	77.68	71.07	71.27	95.14
城口县	76.04	71.55	71.70	94.09	81.75	66.97	66.22	89.51
丰都县	78.88	77.01	79.21	93.78	73.26	72.63	69.04	90.11
垫江县	78.41	80.09	77.94	86.62	67.97	73.52	75.80	89.20
忠县	77.40	75.36	75.83	93.03	70.73	71.17	71.42	94.29
云阳县	77.50	75.81	72.71	95.74	72.84	68.71	71.36	92.23
奉节县	78.12	76.36	77.11	93.35	72.75	71.47	69.79	89.20
巫山县	77.56	76.90	73.69	94.58	73.57	69.55	67.25	90.94

续表

地区	绿色发展指数	绿色发展指标体系分项						公众满意程度（%）
		资源利用指数	环境治理指数	环境质量指数	生态保护指数	增长质量指数	绿色生活指数	
巫溪县	76.25	72.76	73.65	94.05	76.72	66.32	67.72	92.06
石柱县	79.50	76.65	81.11	92.45	78.50	71.11	70.76	91.63
秀山县	77.21	74.86	75.69	93.42	72.54	69.06	70.56	90.00
酉阳县	79.97	79.36	77.28	93.35	76.99	69.50	75.47	89.09
彭水县	77.56	76.67	73.25	95.38	76.14	69.37	64.31	89.94

一、各县区绿色发展指数基本特征

绿色发展指数包括资源利用指数、环境治理指数、环境质量指数、生态保护指数、增长质量指数、绿色生活指数6个分类指数，用于综合反映各地区的绿色发展状况。从2016年的测算结果来看，除了排名前4位的武隆区（81.09）、九龙坡区（80.43）、南岸区（80.38）、涪陵区（80.37）外，其余区县绿色发展指数都在70以上，排名最高的武隆区和排名最低的大足区（74.48）相差约6.6，说明各区县之间绿色发展存在一定差异，但总体差距并不明显。

高能耗工业区县的资源利用水平相对较高。资源利用指数重点反映能源、水资源、建设用地的总量与强度双控需求，以及资源利用效率。目的是引导地区提高资源节约集约循环使用，提高资源使用效益，减少排放。在6个指数指标中，其指标数最多，权重最高，对绿色发展总指数影响最大，包括14个指标。2016年，重庆市资源利用指数排名前5位的区县依次是江津区（84.38）、九龙坡区（83.62）、武隆区（80.93）、长寿区（80.56）、垫江区（80.09）。其中，长寿区2016年规模以上工业企业能源消费总量为750.28万吨标准煤，是重庆市工业企业能源消费总量最高的区县，仅以上5个区县的规上工业企业能源消费量就占重庆市规上工业企业能源消费总量的31.3%。而资源利用指数排名靠后的地区，则主要集中在工业企业能耗较低的区县，分别是黔江区（69.63）、城口县（71.55）、江北区（72.61）、巫溪县（72.76）、北碚区（73.30）。这5个区县规上工业企业能源消费量分别为 33.91 万吨、4.96 万吨、22.71 万吨、4.39 万吨和 95.39 万吨标准煤，仅占重庆市规上工业能耗总量的 4.1%，这意味着能耗总量相对较低区县，由于基数较小，其能耗增幅远远高于高能耗的工业地区，并且其能耗强度控制压力也相对较大，资源利用指数相对较低，仍有一定的提升空间。

重要污染物的降低率影响环境治理成效。环境治理指数重点反映主要污染物、危险废物、生活垃圾和污水的治理以及污染治理投资等情况。环境治理指数包括 8 个指标，其中 4 个指标为“十三五”规划约束性指标，3 个为重要污染物治理指标，1 个为环境治理力度指标。2016 年重庆市环境治理指数排名前 5 位的区县依次是九龙坡区（86.62）、永川区（84.42）、涪陵区（82.18）、渝北区（82.10）、南岸区（81.92）。这 5 个区县的化学需氧量排放总量降低率、氨氮排放总量降低率、二氧化硫排放总量降低率、氮氧化物排放总量降低率等指标分别位于重庆市中上游水平。而受这类指标排名靠后影响，合川区（71.42）、铜梁区（71.46）、江津区（71.52）、大足区（71.61）、渝中区（71.63）环境治理指数排名靠后，环境治理依然任重道远。

各地区环境质量水平总体向好。环境质量指数重点反映大气、水和土壤的环境质量状况，包括 9 个指标。其中 2 个反映空气质量，2 个反映地表水质量，2 个分别反映江河湖泊、饮用水水源地的水质，3 个反映耕地质量。近年来，重庆市持续开展“蓝天、碧水、宁静、绿地、田园”五大环保行动，各区县环境质量水平不断提高，2016 年重庆市环境质量指数排名前 5 位的区县依次是武隆区（96.23）、云阳县（95.74）、黔江区（95.73）、彭水县（95.38）、巫山县（94.58），其指数值均在 90 以上。而排名最末位的九龙坡区（79.35）环境质量指数也接近 80。总体来看，各地区五大环保行动初见成效，环境质量明显改善。

生态保护水平受自然资源条件影响较大。生态保护指数包括 7 个指标，重点反映森林、湿地、自然保护区、水土流失、土地沙化和矿山恢复等生态系统的保护与治理。2016 年重庆市生态保护指数排名前五位的区县依次是城口县（81.75）、黔江区（78.86）、石柱县（78.5）、武隆区（77.68）和酉阳县（76.99）。从地理区位上看，主要集中在渝东北和渝东南地区。受地形、气候等自然条件影响，这些区县林业资源丰富，具有天然的生态区位优势。同时，渝东北三峡库区、渝东南武陵山区属于国家首批生态文明先行示范区，政府生态保护力度较大，其生态保护水平较高。值得一提的是，由于林业资源类指标生态保护指数中所占比重相对较大，受其排名靠后影响，渝中区（60.00）、大渡口区（62.34）、九龙坡区（63.68）、璧山区（64.42）、合川区（65.81）生态保护指数较低，生态保护亟待加强。

增长质量水平不均地区差距最为显著。增长质量指数包括 5 个指标，重点从宏观经济的增速、效率、结构和动力等方面反映经济增长的质量，以体现绿色与发展的协调统一。2016 年重庆市增长质量指数排名靠前的区县主要集中在主城片区，依次是沙坪坝区（87.98）、大渡口区（85.75）、江北区（83.68）、北碚区（82.30）、九龙坡区（81.79）。与主城区高增长质量不同的是，部分远郊区县战略性新兴产业发展相对滞后，社会研发创新投入相对缺乏，经济发展水平也相对落后，导致增长质量水平地区间差异显著，比如排名最末位的巫溪县与排名第一的沙坪坝区相比，增长质量指数差距高达 21.66，这也是重庆市地区间差异最大的一级指标。

居民的生活方式影响绿色生活指数水平。绿色生活指数包括 8 个指标，重点从公共机构、绿色产品推广使用、绿色出行、建筑、绿地、农村自来水和卫生厕所等方面反映绿色生活方式的转变以及生活环境的改善，体现绿色生活方式的倡导引领作用。近年来，市政府持续加大公共交通的投入，不断强化城市绿化建设，为改善人居环境做了大量工作。2016 年，重庆市绿色生活指数排名前 5 位的区县主要集中在主城片区，依次是江北区（84.29）、大渡口区（80.03）、九龙坡区（79.98）、南岸区（79.15）、北碚区（79.03）。与此同时，部分远郊区县，比如彭水县（64.31）、城口县（66.22）、巫山县（67.25）、荣昌区（67.52）、开州区（67.59）在重庆市绿色生活指数中排名靠后，这些地区在城乡人民生活公共用能及绿色生活改善方面仍有较大提升空间，在倡导市民绿色生活方式上还需做出更多努力。

二、生态环境质量主导社会公众评价

在生态文明建设年度评价工作中，“公众满意程度”为主观调查指标，主要反映公众对生态环境质量的满意程度，体现人民群众对绿色发展的获得感。2016 年，重庆市公众满意度排名前 5 位的区县依次是合川区（97.31）、璧山区（96.17）、武隆区（95.14）、南川区（94.69）、忠县（94.29）。而排名靠后的区县是涪陵区（84.20）、万州区（85.89）、南岸区（86.06）、綦江区（86.09）、北碚区（86.63）。尽管九龙坡区绿色发展综合指数 80.43，在重庆市排第 2 名，其公众对生态环境质量的满意程度却在重庆市排第 31 名；南岸区绿色发展综合指数为 80.38，在重庆市排第 3 名，其公众对生态环境质量的满意程度却在重庆市排第 36 名。“主观调查”与“客观结果”之间略有偏差，主要源于这两个区县“环境质量”和“生态保护”均处于其发展的短板，在重庆市处于中下游水平，而这些领域却直接体现了公众对生态环境质量的满意程度。

因此，各地区在经济高速发展的同时更应当高度重视生态水平和环境质量，补齐绿色发展的短板，以期能够给当地居民带来良好的主观感受，将生态文明的理念贯穿至经济社会发展的各个方面和领域，更好地推动生态文明建设，共建山清水秀美丽之地。

第七章 重庆市政策建议与实施途径

第一节 绿色发展政策建议

绿色发展与创新发展、协调发展和开放发展等一样，是我国新时期发展的理念之一，其目的是要落实生态文明建设，提高社会的环境水平及生态优化。绿色发展是目前重庆经济发展重要目标之一，推动重庆绿色发展需要建立和完善促进绿色发展政策体系，通过有效的政策设计以及经济体的绿色行为规定，实现经济、社会与环境的共同协调发展，以系统完善的绿色经济政策体系，推动重庆产业结构、经济结构的绿色转型，保障经济社会绿色发展长效机制的有效运营。

今后很长一段时期，重庆绿色发展的重点应集中在深化经济体制机制改革、创新行政管理体制，充分调动绿色发展主体的积极性，通过财政、金融、产业、人才等一揽子绿色发展政策，为绿色发展提供方向指引和措施保障。

一、财税政策

用好财政资金，大力支持环境基础设施、能源高效利用、资源循环利用、碳达峰碳中和等相关重点工程建设。继续落实好国家节能节水环保、资源综合利用、合同能源管理、环境污染第三方治理等税收优惠政策，积极推进税收共治，确保政策应享尽享。做好环境保护税和资源税征收工作。按照国家统一部署推进水资源费改税工作。

进一步落实西部大开发企业所得税优惠税率、节能环保先进制造业企业增值税期末留抵退税、提高企业研发费用加计扣除比例等政策。

运用好中央预算内投资补助、节能减排补助资金、环保专项资金等，积极支持节能环保产业发展。引导社会资本、高新区自有资金加大对节能环保领域科技创新及产业化投入。促进高新科技治理环境污染项目的引进，鼓励重庆工业的节能减排的改善，提高重庆工业发展的绿色评价等级。

逐步整合现有市级相关专项资金，完善“以奖代补”等资金支持机制，有效带动社会资金投入绿色发展项目，各区县要制定绿色制造政策措施，统筹安排专项配套资金，重点支持绿色制造类项目，对获得认定的绿色工厂、绿色产品、绿色园区、绿色供应链给予资金奖励，并在政府采购上给予优先待遇。

二、价格政策

发挥价格机制激励约束作用，深化水、电、气等资源产品价格改革。逐步提高城乡居民生活垃圾处理、废水处理等收费标准，完善生活垃圾焚烧发电价格政策。

完善城镇污水处理收费政策，按照“污染付费、公平负担、补偿成本、合理盈利”的原则，动态调整收费标准，逐步将收费标准动态调整至补偿成本的水平。探索建立污水排放差别化收费机制，促进企业污水预处理和污染物减排。按照“产生者付费”和“激励约束并重”原则，完善生活垃圾处置收费机制，逐步推行分类计价、计量收费的差别化收费政策。全面落实节能环保电价政策，推进农业水价综合改革和非居民用水超定额累进加价，落实居民阶梯电价、气价、水价制度。

三、金融政策

创建国家绿色金融改革试验区，持续引导重庆金融业支持绿色低碳循环发展。鼓励政府引导基金和社会资本优先支持绿色、低碳、循环经济的产业项目，探索建立绿色项目储备库和限制进入名单库，建立起贯穿生产、销售、结算、投融资的全链条绿色金融服务体系。探索建立工业企业固体废物储运、回收专营制度。支持金融机构开展绿色信贷、绿色债券、绿色担保、绿色保险等绿色金融业务，扩大绿色金融服务的覆盖面。积极开展绿色信贷绩效考核评价，将结果纳入央行金融机构评级等人民银行政策和审慎管理工具。引导银行保险机构加强产品服务创新，加大绿色信贷投放力度，有序推进绿色保险。支持符合条件的绿色产业企业上市，推动发行绿色债券。推进应对气候变化投融资试点，选择有条件的区县逐步开展零碳示范园或零碳示范项目建设。积极融入全国统一碳排放权交易市场，加快完善碳排放权交易体系政策。推动中欧绿色金融标准研究和实践。

四、人才政策

结合市场导向和政府人才引进的双向需求，积极统筹推进环保技术、工程项目、环境咨询与环境服务等的“绿色人才”培养和引进工作，进一步打通人才服务绿色发展的通道。

第二节　绿色发展动力发掘

一、完善约束机制增加绿色发展压力

通过建立和完善绿色发展硬性约束机制，增加各级政府、企业和个人对绿色发展的责任感和压力，变压力为动力促进绿色发展。

从绿色经济、绿色效益、绿色创新、绿色生态、绿色生活等方面设置多级考核指标体系，绩效考评结果在年度绩效考核中予以运用。

强化产业准入和落后产能退出，严格落实项目环境保护“三同时”制度，严控高耗能、高耗水行业产能扩张，坚决防范不符合准入条件的产能向本地区转移，增强产业绿色发展的硬性约束机制。指导督促环境污染重点监管工业企业和各工业园区污水处理设施运营单位，围绕淘汰落后产能、规范排污方式等方面严格落实环境保护主体责任，持续落实工业环保“一岗双责”工作机制。加强工业用水定额宣贯，全面淘汰高耗水工艺、技术和装备，开展水平衡测试、用水审计和水效对标，进一步提升工业水效。推广高效冷却、洗涤、循环用水、废污水再生利用、高耗水生产工艺替代等节水工艺和技术，推进现有企业和园区开展以节水为重点的绿色高质量转型升级和循环化改造，实现“节流减污”。定期发布重庆市清洁生产技术推广目录，支持

企业使用无毒无害或低毒低害原料、采用污染物削减和超低排放等先进适用技术实施清洁化改造，实现生产过程清洁化目标，从源头减少或避免污染物的产生。

各区县要结合本地区资源禀赋、战略定位、产业导向等因素，灵活运用政策措施，充分发挥市场作用，加强舆论宣传引导，多措并举调动企业绿色发展积极性、自觉性，提高公益组织、行业协会、产业联盟、舆论监督等参与度。进一步压实区县属地责任，市级有关部门要将工业节能低碳、绿色制造体系建设等纳入年度考核，综合施策提升重庆市工业绿色发展水平。

二、挖掘绿色经济市场主体的发展潜力

（一）推动一批领军龙头企业做大做强

瞄准世界一流水平，遴选一批创新能力强、具有规模优势和全产业链制造服务能力的绿色农业、制造业和服务业领军企业，鼓励企业通过上市、兼并、联合、重组等形式扩展产业规模。扶持一批信誉好、有潜力的重点企业加快成长并做大做强，鼓励国有资本以多种方式入股，支持其跨地区、跨行业、跨所有制整合资源，实现企业规模的重大突破。

（二）引导一批骨干企业快速发展

建立骨干企业培育监测清单，遴选一批掌握核心技术、细分领域市场领先、具有较好发展前景的绿色型骨干企业纳入清单进行重点培育。支持骨干企业与上下游企业加强协作，延伸上下游配套产业链，促进骨干企业规模化、集群化发展。强化“一企一策”定向管理，鼓励区县在项目扶持、资金融通、财税补贴、人才引进等方面给予支持，助力企业快速健康发展。力争培育一批在国内细分市场具有引领力的绿色型骨干企业。

（三）鼓励一批中小微企业做精做特

鼓励绿色型中小企业瞄准市场空白，引导差异化、专业化、精细化、个性化发展，加快建设创新型中小企业孵化器，支持企业专注于擅长领域，走“专精特新”发展道路。加快培育一批专注于细分市场、聚焦主业、创新能力强、成长性好、拥有自主知识产权的“专精特新”企业，提升绿色行业细分领域核心竞争力。鼓励配套产业领域的中小企业实施并购重组，推

进专业化、规模化改造升级，开展龙头企业帮扶小微企业行动，激励“个转企、小进规”。

三、挖掘绿色科技创新能力

引进和新建重大产业技术创新平台，积极研发关键技术，加快科技成果转化，着力挖掘全市节能环保产业发展内生动力。

（一）大力建设产业创新平台

积极建设国家级创新平台。依托中国西部（重庆）科学城、两江新区、高新区等载体，积极争取国家在重庆布局一批节能环保领域重点实验室、工程技术中心，打造绿色技术创新中心和绿色工程研究中心，增强产业发展的创新性、探索性、引领性。

大力建设市级创新平台。集合市内节能环保科研机构和骨干龙头企业研发创新力量，加快组建重庆市节能环保产业研究院。以引进高水平研发机构和高层次人才（团队）为重点，推进骨干企业、高校和科研院所，在碳达峰碳中和、大气污染治理、水处理、固体废物资源化利用等领域，建设一批具有区域引领作用的市级重点实验室和技术创新中心。

支持企业建设研发创新平台。支持龙头骨干企业建设院士工作站、博士后工作站，鼓励重点企业设立独立研发机构或联合研发机构，建设高端新型研发机构，形成一批拥有自主知识产权和专业化服务能力的产业创新基地。支持企业为主申报和建设技术咨询、工程示范、循环利用、绿色生产、产业联盟等各类国家级产业化平台。

（二）积极研发关键技术

巩固优势技术领先地位。依托市内骨干龙头企业和科研院所，进一步巩固节能环保产业优势技术领先地位，力争形成更多具有独立知识产权的优势环保技术。围绕污水处理、空气净化、饮用水净化、土壤修复治理、水土保持、新能源技术、新能源动力装置及系统等领域，积极开展应用基础研究，为节能环保技术产业化奠定基础。

实施关键技术攻关计划。围绕环境污染治理、环境监测、生态保护与修复、再生资源综合利用等“卡脖子”关键技术领域，实施重大绿色技术研发与示范工程，着力突破一批关键核心技术，强化集成应用示范，提升关键技术设计、生产和应用能力，形成具有自主知识产权的整装成套技术装备，大幅提升节能环保技术和成套装备本地化率。

加快科技成果转化。搭建区域技术与产业对接平台。强化技术市场服务平台对节能环保领域的覆盖和服务，健全科技成果信息共享机制，为行业内创新主体提供科技成果信息查询、政策咨询等公益服务和知识产权、技术评估、技术交易等增值服务。举办科技成果供需对接活动，推进节能环保先进技术应用成果的产品化与推广。

加强科技成果推广应用。鼓励引导科技先导型环保企业对环保新技术、新工艺、新产品的研究开发和科技成果推广应用，优先安排重大环保科技攻关项目以及环保科技示范工程。探索建设全市节能环保技术转移转化和市场交易体系，开展技术开发、示范、工程化应用推广和规范化管理，实现科技资源整合、信息开放共享互动、技术成果交易以及科技金融服务无缝对接，提高技术转移转化效率。

促进创新成果产业化。鼓励支持国内外的高校、科研院所和重庆市环保企业合作，实施一批环保技术创新和产业化示范工程，推进节能环保技术成果及产品的产业化、商品化、市场化。建立健全全市节能环保科技成果转化评估机制，加大科技成果转化收益激励。依托节能环保行业龙头企业和科研院所，培育打造专业化的孵化器、众创空间等创新创业载体，加快孵化培育一批科技型企业。

四、挖掘特色节能环保产业集聚能力

因地制宜、科学规划、合理布局，打造一批特色节能环保产业集聚区，加快培育壮大节能环保市场主体，形成以节能环保领军龙头企业为主体、骨干企业为重点、中小企业为补充的发展格局，提升全市节能环保产业集聚水平。

（一）提升中心城区节能环保产业创新引领能力

重点依托大渡口环保科技产业园等产业园区，聚焦节能环保产业全领域，加快布局节能环保产品及服务交易平台、产业创新中心、环保科技城等，重点发展节能产品制造及服务、环保装备制造及服务、资源循环利用、低碳产业等，打造成为全市节能环保产业核心集聚区和创新发展引领区。

（二）打造一批特色节能环保产业园区

依托大渡口区、大足区等特色节能环保产业园区建设基础，挖掘节能产品制造及服务、环保装备制造及服务、资源循环利用等产业发展潜力，打造一批特色节能环保产业发展示范园区。同时，加快推进传统产业绿色转型制造及服务，积极开展节能环保服务示范，加快建设渝南（綦江、潼南）等大宗固废综合利用示范基地和珞璜国家资源循环利用基地等一批节能环保应用示范基地。

五、挖掘节能降耗，资源综合利用的潜力

支持企业实施综合能效提升、余热余压利用、高效电机及工业窑炉利用等节能技术改造项目，降低单位产出能耗。持续开展节能监察和节能诊断行动，落实阶梯电价和差别电价政策，确保重点企业单位产出能耗稳中有降。研究水泥、钢铁、火电等行业碳达峰路径，引导相关企业实施低碳发展战略，控制生产过程温室气体排放，推动工业碳捕集、利用与封存等工业低碳技术推广应用，确保如期实现碳达峰目标。

坚持高值化、规模化、集约化利用原则，推进冶炼钢渣、粉煤灰、炉渣、脱硫石膏等大宗工业固废综合利用重点项目建设，提升大宗工业固废综合利用水平。加快推进钛石膏低温干燥技术项目、磷石膏加工水泥缓凝剂和建筑石膏粉项目，着力提升我市磷石膏、钛石膏、赤泥、电解锰渣等工业固废综合利用水平。围绕废钢、废铝、废旧轮胎、废塑料、医用输液瓶（袋）等主要再生资源行业，落实行业规范条件要求，建立公告企业动态监管长效机制，促进再生资源产业持续健康发展。以废钢、废铝、铸造废砂的综合利用为重点，推动短流程炼钢、再生铝、废砂循环利用等产业发展，培育一批再生资源行业骨干企业。加强电池溯源管理、合作共建共享回收利用网点、梯级利用和再生利用，规范退役动力蓄电池收集、暂存、运输、集中贮存等环节管理，形成较为合理的电池回收、处置及拆解网点布局。

六、增强绿色消费转型推动力

按照绿色发展理念和社会主义核心价值观要求，加快推动消费向绿色转型。加强宣传教育，在全社会厚植崇尚勤俭节约的社会风尚，大力推动消费理念绿色化；规范消费行为，引导消费者自觉践行绿色消费，打造绿色消费主体；严格市场准入，增加生产和有效供给，推广绿色消费产品；完善政策体系，构建有利于促进绿色消费的长效机制，营造绿色消费环境。不断推动绿色消费向更高水平和层次迈进。

第三节　绿色发展实施途径

正确把握生态环境保护和经济发展的关系，协同推进生态优先和绿色发展，加快形成绿色生产方式和生活方式，努力发挥重庆在推进长江经济带绿色发展中的示范作用。

一、加快建立健全绿色低碳循环经济体系

深入贯彻习近平生态文明思想和习近平总书记对重庆提出的营造良好政治生态，坚持“两点”定位、“两地”“两高”目标、发挥“三个作用”和推动成渝地区双城经济圈建设等重要指示要求，完整、准确、全面贯彻新发展理念，坚持重点突破、创新引领、稳中求进、市场导向，全方位全过程推行绿色规划、绿色设计、绿色投资、绿色建设、绿色生产、绿色流通、绿色生活、绿色消费，统筹推进高质量发展和高水平保护，建立健全绿色低碳循环发展的经济体系，确保如期实现碳达峰碳中和目标。

健全绿色低碳循环发展的生产体系。推进工业绿色升级，加快农业绿色发展，提高服务业绿色发展水平，壮大绿色环保产业，提升产业园区和产业集群循环化水平，推动构建绿色供应链。

健全绿色低碳循环发展的流通体系。打造绿色物流，加强再生资源回收利用，建立绿色贸易体系。

健全绿色低碳循环发展的消费体系。促进绿色产品消费，倡导绿色低碳

生活方式。

加快基础设施绿色升级。推动能源体系绿色低碳转型，推进城镇环境基础设施建设升级，提升交通基础设施绿色发展水平，改善城乡人居环境。

构建市场导向的绿色技术创新体系。鼓励绿色低碳技术研发，加速科技成果转化。

完善法规政策体系。强化法律法规支撑和执法监督，健全绿色收费价格机制，加大财税扶持力度，大力发展绿色金融，完善绿色统计标准体系，培育绿色交易市场机制。

二、推进“双碳"目标引领下的绿色低碳实践

把应对气候变化摆在更加重要的位置，把碳达峰、碳中和纳入生态文明建设整体布局，推动构建清洁低碳安全高效的能源体系，全面推进资源能源节约集约循环利用，促进经济社会绿色低碳循环发展。

（一）强化温室气体排放控制

加快制定全市和重点行业碳达峰行动方案，采取有力措施推动如期实现碳达峰目标，鼓励符合条件的地区提前达峰。加大高耗能、高排放落后产能淘汰力度，将钢铁、水泥等“两高”行业作为工业达峰行动的重点。持续开展固定资产项目节能审查，探索推行碳排放评估，防止“两高”产业无序增长。发展绿色建筑，提高建筑能源利用效率，促进可再生能源在建筑中的规模化应用。加快公共交通基础设施低碳化建设，发展新能源汽车和非机动交通，加强机动车出行需求管理，推广现代运输组织方式，提高现代交通管理和运输服务水平。实施各类重大林业工程，着力增加林业等生态系统碳汇。持续开展低碳城市、低碳园区、低碳社区试点示范，建设一批近零碳排放示范工程和零碳示范区。创新开展气候投融资试点。总结碳排放交易试点经验，主动对接全国碳排放交易市场。研发创新固碳等新技术，实施一批试点工程。

（二）加快能源清洁低碳转型

深化能源供给侧结构性改革，推进化石能源清洁高效开发利用，全面开展超低排放改造。大力发展风能和太阳能，因地制宜发展水电，稳步提升非

化石能源在能源供给结构中的比重。大力推动涪陵、南川页岩气等非常规天然气开发利用，健全页岩气开发利益共享机制，推动页岩气就地转化利用。加快推进外电入渝，增加市外清洁能源输入。优化能源消费结构，实施煤炭消费总量控制，持续推进燃煤消费替代，提高电气化水平。

（三）全面提高资源利用效率

落实能耗“双控”制度，加强节能审查与监察，实施重点节能工程，着力提高工业、建筑、交通、公共机构等领域能源利用效率。强化土地节约集约利用，持续推进建设用地“增存挂钩”。严格用水总量控制和定额管理，积极创建国家节水型城市，实施农业节水增效、工业节水减排、城镇节水降损。提高矿产资源保护、开发、利用水平，加大战略性矿产资源储备和利用，推动战略性矿产资源与产业融合发展。加强大宗工业固废综合利用，支持开展工业副产石膏、粉煤灰、煤矸石、锰渣等制备新型建材等高值化产品制造及推广应用，建设南川、綦江、潼南等国家固体废物综合利用示范基地。推进污泥、餐厨垃圾、建筑垃圾资源再生利用，建设珞璜国家资源循环利用基地。健全废旧物资循环利用体系，提高废弃电子产品、废铅蓄电池、废钢、报废汽车、废塑料回收利用水平，实现生产系统和生活系统循环链接。

三、积极推进试点绿色示范工程带动绿色发展

加快节能环保产业绿色制造体系建设，实施“四个一批”工程，推进园区、企业、重点发展领域和新技术新产品等试点示范，为产业发展提供新的增长点。

（一）推进一批节能环保产业园区示范

充分发挥国家低碳城市和国家气候适应型城市建设“双试点城市”、工业资源综合利用基地和机电产品再制造产业集聚区等试点示范作用，推进重庆经开区加快建设国家级绿色产业示范基地，加快建设一批循环经济产业园，积极推进长寿经开区、万州经开区等园区循环化改造试点示范，鼓励有条件的开发区、工业园创建国家生态工业示范园区。

（二）推进一批节能环保企业示范

加快培育节能环保领域示范企业，引导企业积极争创绿色工厂、绿色

供应链管理示范企业，实现厂房集约化、原料无害化、生产洁净化、废物资源化、能源低碳化、建材绿色化，大力推行工业绿色设计，鼓励节能环保企业规范发展。

（三）推进一批重点发展领域示范

重点支持再生金属制品、稀有金属材料、动力蓄电池、农作物秸秆、废旧家电、玻璃纤维等资源综合利用和高端再制造，探索建立“大足—永川”再制造交易中心，重点围绕再生金属制品、稀有金属材料等再制造打造重庆的再制造品牌，打造一批发展优势明显、行业带动能力强的再生资源综合利用行业规范企业和高端再制造企业。支持重点行业企业应用先进适用技术产品，实施清洁生产和低碳技术改造，逐步建立高效清洁生产和低碳生产模式，组织实施一大批重点清洁生产和低碳改造项目，重点行业清洁、减排生产水平明显提升。推进节能环保服务模式创新，利用大数据、云平台、物联网等现代化信息手段，深度融合“互联网+”、PPP、EPC、“EPC+O”、DBO等新兴服务模式，提升企业节能环保总承包能力。

（四）推进一批新技术、新产品、新模式试点示范

选择重点产业园区和集聚区、重点产业领域、重点节能环保企业，推动节能环保新技术、新产品试点示范；建立健全节能环保标准体系，加快制修订一批性能效标准、能耗限额标准和污染物排放地方标准，提高产品标准中的节能环保技术要求；加强与节能环保相关的国家、地方、行业和企业标准的相互协调。探索推进产业生态“两化”融合，开展生态环境导向的开发模式（EOD）试点示范，推动生态环境治理与资源开发、产业发展等有效融合。

四、加大对外开放合作力度

立足国内大循环，在更高水平上利用好国内国际市场和资源，促进绿色产业要素合理流动和高效聚集，畅通绿色产业链国内国际循环，积极采取鼓励措施推动高水平绿色产业合作和对外开放。

（一）畅通国内产业循环

1. 引领西部地区产业合作

深化成渝地区双城经济圈产业合作，研究出台川渝节能环保产业一体化政策和措施，推进节能环保全产业链协同布局。深化与黔中城市群产业合作，把节能环保产业纳入渝黔合作先行示范区建设重大内容。加强与关中平原城市群、滇中城市群产业合作，辐射带动西部地区节能环保产业发展。

2. 推动长江经济带产业协作

加强与长江经济带沿岸省市节能环保产业链在研发、制造、服务、监测、检验等关键环节协作，推进环境科技创新中心、环境保护工程中心、企业绿色技术中心等建设，推动产业链企业相互兼并重组，携手打造世界级节能环保产业带。

3. 深化与东部地区产业链对接

加强与京津冀、长三角、粤港澳大湾区的战略对接，深化渝鲁产业合作，支持区县、开发区建设节能环保产业转移承接地，共同构建自主可控的产业链供应链。加强科技创新合作，积极参与国家工程技术中心、知识产权交易市场等创新载体建设，构建节能环保科技产业转移转化体系。

（二）提升国际合作交流水平

1. 深化与“一带一路”沿线国家和地区合作

依托中新（重庆）战略性互联互通示范项目、西部陆海新通道，加强与东盟国家在节能环保产业全方位合作，构建中国－东盟安全高效、分工协作的节能环保产业链供应链国际网络。融入区域全面经济伙伴关系协定（RCEP）和中欧全面投资协定（中欧CAI）大市场，加强与发达国家技术合作，建设“一带一路”节能环保装备产品进出口商品集散中心和环保工程国际服务贸易中心。积极拓展与非洲、拉美、中东欧等地区产能合作，推动节能环保产业链供应链向国外延伸。

2. 支持重庆企业“走出去”

以“一带一路”沿线国家和地区为重点，积极支持企业承建国际节能环保工程、布局国际创新中心、建设海外工厂，扩大节能环保技术和设备出口。支持有条件的企业延伸国际产业链，形成国际承包、海外研发、跨境电商、产品贸易一体化跨国企业。鼓励企业参加国际博览会、项目招投标和国际科技合作，参与环保技术国际智汇平台、中国—东盟环境信息平台等基地活动，重点支持企业进入联合国、世界银行等环境发展采购名单。

3. 吸引跨国企业“引进来”

吸引技术领先的跨国企业在重庆设立区域研发总部或区域总部，支持国际产业技术资本和国有资本联合，投向节能环保先进技术研发、高端制造、智能制造和绿色制造领域。支持两江新区中德、中日、中韩、中意、中新、中以六大国别产业园积极开展节能环保产品和绿色产品标准、认证认可、检验检测国际合作。稳慎吸引欧盟碳金融公司入渝，推动重庆碳金融产品设计、碳交易服务、碳交易咨询等发展。